集中式空调系统微生物污染防治

吕阳 编著
刘京 主审

大连理工大学出版社

图书在版编目(CIP)数据

集中式空调系统微生物污染防治 / 吕阳编著. -- 大连 : 大连理工大学出版社，2022.10

ISBN 978-7-5685-3922-7

Ⅰ. ①集… Ⅱ. ①吕… Ⅲ. ①空气调节设备－微生物污染－污染防治 Ⅳ. ①TU831②X5

中国版本图书馆 CIP 数据核字(2022)第 162844 号

大连理工大学出版社出版

地址:大连市软件园路 80 号　邮政编码:116023

发行:0411-84708842　邮购:0411-84708943　传真:0411-84701466

E-mail:dutp@dutp.cn　URL:https://www.dutp.cn

大连图腾彩色印刷有限公司印刷　大连理工大学出版社发行

幅面尺寸:170mm×240mm　印张:6.25　字数:114 千字

2022 年 10 月第 1 版　2022 年 10 月第 1 次印刷

责任编辑:王晓历　责任校对:常　皓

封面设计:张　莹

ISBN 978-7-5685-3922-7　定　价:36.00 元

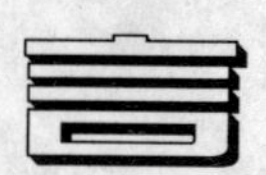

前言

人的一生有90%以上的时间是在室内度过的。因此,室内空气品质对人的身体健康有十分重要的影响。自1976年美国费城爆发军团菌病,2003年SARS大肆传播,到新型冠状病毒危害人类的健康与生命,由空气微生物污染引起的人类健康以及生命安全问题越来越受到社会关注,特别是由集中式空调系统引起的退伍军人症、加湿器热病、过敏性肺炎等生物污染问题已成为人们关注的焦点。

本书阐述了集中式空调系统微生物安全以及微生物防治方面的知识与技术经验,旨在为建筑环境微生物污染防控提供帮助与指导。本书内容包括:集中式空调系统微生物污染概述;集中式空调系统微生物污染标准规范;集中式空调系统微生物的检测与监测;集中式空调风系统微生物污染防治;集中式空调水系统微生物污染防治;集中式空调系统清洗、消毒及设备日常维护;疫情期间集中式空调系统微生物污染防控;集中式空调系统微生物污染防治实例。

本书由大连理工大学吕阳编著,大连理工大学研究生王贝贝、吴方、雒文键、梁婧怡、胡光耀等人在资料收集、整理方面做了大量的工作。本书承蒙哈尔滨工业大学刘京教授审阅,多有指正,深表谢意。

本书得到国家自然科学基金重大研究计划培育项目"东北地区室内外大气细颗粒物微生物组分来源、演化及多尺度时空暴露基础问题研究(91743102)"、大连理工大学基本科研业务费专项项目"空调通风系统病原微生物分布规律及消杀技术研究(DUT21JC22)"资助,在此表示感谢。

在编写本书的过程中,编者参考、引用和改编了国内外出版物中的相关资料以及网络资源,在此表示深深的谢意!相关著作权人看到本书后,请与出版社联系,出版社将按照相关法律的规定支付稿酬。

由于编者水平有限,书中错误和不妥之处,敬请读者批评指正。

吕　阳

2022年10月

所有意见和建议请发往:dutpbk@163.com
欢迎访问高教数字化服务平台:https://www.dutp.cn/hep/
联系电话:0411-84708462　84708445

目录

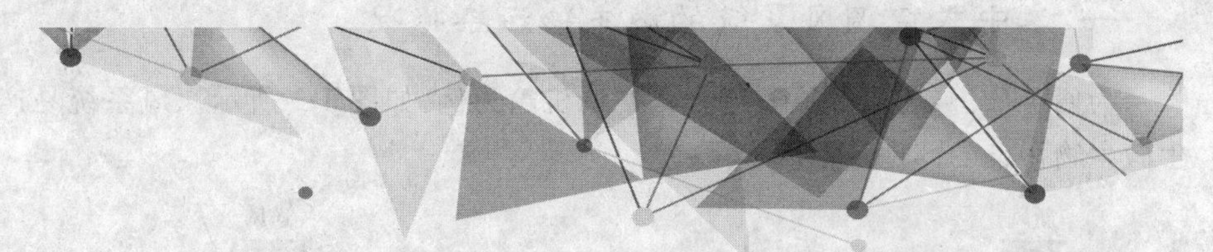

第一章 集中式空调系统微生物污染概述

集中式空调系统指所有空气处理设备(风机、过滤器、加热器、冷却器、加湿器、减湿器和制冷机组等)都集中在空调机房内,由冷水机组、热泵、冷热水循环系统、冷却水循环系统(风冷式冷水机组无须该系统),以及末端空气处理设备,如空气处理机组、风机盘管等组成的空调系统。目前,集中式空调系统广泛地应用于各类大型公共场所,由于其结构特点和卫生管理措施等原因,易造成污染。调查显示,集中式空调系统引发的室内空气质量(Indoor Air Quality,IAQ)问题,例如军团菌病、加湿器热病、过敏性肺炎等不容乐观。

集中式空调系统可以划分为两大部分:风系统和水系统。典型集中式空调风系统主要由风管、风机及其附属部件组成,水系统主要由冷冻水循环系统、冷却水循环系统及主机三部分组成。本章将按照风系统和水系统污染问题进行介绍。

第一节　集中式空调风系统微生物污染问题

集中式空调风系统是集中式空调系统的重要组成部分,也是集中式空调系统中污染容易被忽视的部位。空调系统微环境提供适宜的温湿度,在长期的运行使用过程中,空气中的微生物会附着灰尘沉积在空调管道及其他部件上,产生并释放过敏物质、内毒素等代谢产物。室外空气中微生物可以通过新风入口进入,黏附积聚在集中式空调风系统中。集中式空调风系统中的表冷除湿段、冷凝水盘、加湿段等部位的高湿环境，容易滋生微生物。

一、集中式空调风系统的微生物污染状况

为便于分析，选取常见的组合式空调机箱为例，如图 1-1 所示。风系统易产生微生物污染的部件及原因如下：

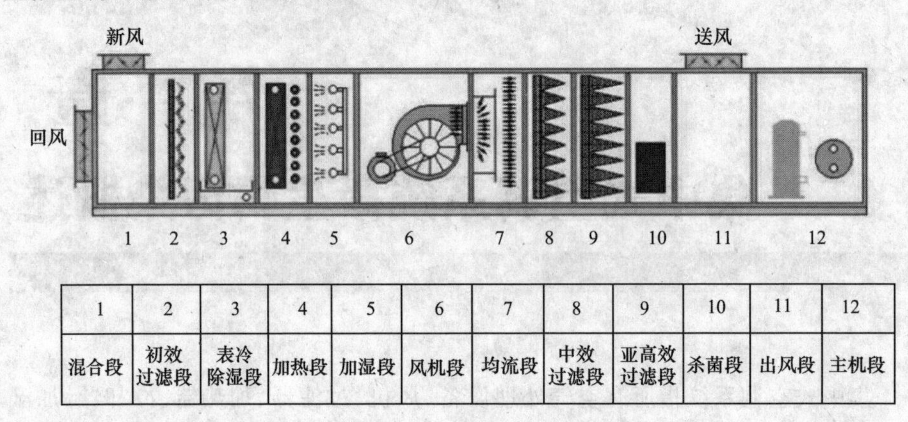

1	2	3	4	5	6	7	8	9	10	11	12
混合段	初效过滤段	表冷除湿段	加热段	加湿段	风机段	均流段	中效过滤段	亚高效过滤段	杀菌段	出风段	主机段

图 1-1　空调机箱的组成（以常见的组合式空调机箱为例）

1. 新、回、送风口

积尘问题，积尘量与真菌、细菌生长存在正相关的关系。在不同的空调机组中，相关系数差异较大。当空调系统启动时，由于受到送风机运行引起的振动作用，残留在送风口中的灰尘和微生物会被气流卷起，以气溶胶的形式被气流携带到空调房间里，造成室内空气污染。当新风口在冷却塔附近时，冷却塔生成的致病微生物气溶胶会由新风口进入空调系统。

2. 初效、中效及亚高效过滤段

机组过滤段清洗次数不够，存在积尘以及微生物污染问题。

3. 表冷除湿段

在温度方面，以夏季冷却除湿工况为例，表冷器附近空气温度常处在 14～20 ℃，处于真菌、细菌能够生长的范围内；在湿度方面，表冷器表冷除湿段由于湿度较大，较适宜微生物繁殖生长。

4. 冷凝水盘

空气处理设备的某些部位以及风机盘管都配有冷凝水盘，冷凝水盘的位置在冷却盘管和挡水板下，在最低点设凝结水排水管，用于收集冷凝水并将其排放。当凝结水排水管和冷凝水盘的排水不畅，或灰尘的积累造成堵塞时会在其中积水，加上潮湿的环境和适宜的温度，使得微生物能够大量繁殖。空调系统

再次启动时，大量繁殖的细菌、霉菌等微生物，以及微生物大量繁殖时生成的气体与空气中的水滴一起分散成气溶胶，随送风气流进入空调房间，造成室内空气的微生物污染。并且，冷凝水盘处湿度较大，温度与表冷器附近相同，易存在微生物污染问题。

5. 加湿段

加湿方法主要分为湿膜加湿、干蒸汽、高压喷雾、电热和电极等方法，对于普通的民用建筑一般使用湿膜加湿的方法，因为其可以直接安装在表冷器后端，不需要增加箱体尺寸，与表冷器共用一个接水盘，因此其温湿度与表冷器相同，微生物污染情况也类似。当空调系统的加湿器中水量足够多而没有及时更换，或加湿器里没有杀菌装置时，来自加湿器的细菌将以气溶胶形式随空调送风进入空调房间，成为加湿器热病的诱因。

6. 风机盘管的盘管处

盘管冷凝器因为结构原因容易聚集灰尘和泥垢，而且时间长，不易剥离；冷凝水盘由于安装的排水管过长或者坡度不够，而造成排水不畅，易造成冷凝水盘积水，导致微生物滋生和聚积。

7. 冷桥

在空调机箱中，由于保温层厚度不够或漏风的问题，导致局部结露、生锈，且湿度较大，易滋生微生物。

二、集中式空调风系统的微生物污染危害

集中式空调风系统微生物污染对室内空气品质及人体健康的影响主要体现在两个方面：一是空调风系统内的微生物随着送风进入室内，造成室内空气质量的下降；二是通风管道中适宜的温湿度为微生物的生长与繁殖提供了良好的环境条件，微生物释放的孢子及各种代谢产物，随送风进入室内环境，危害人体健康。

集中式空调风系统微生物污染可引发呼吸道感染、过敏反应以及皮肤炎症等，影响人体健康。引起呼吸道感染的病原菌包括病毒、细菌、真菌、支原体、衣原体等。上呼吸道感染以病毒为主。下呼吸道感染以细菌为主，如铜绿假单胞菌、肺炎克雷伯菌。过敏反应包括过敏性鼻炎、哮喘、过敏性肺炎等。引起过敏反应的过敏原有细菌、真菌、尘螨等。不同的过敏原对不同的体质所引起的过敏反应速度是不同的。真菌生长过程中释放出来的孢子和其他粒子中所含有真菌毒素即为可引起发炎和过敏的物质，能够降低室内空气质量，影响人体健康。

第二节　集中式空调水系统微生物污染问题

空调水系统的水质影响着空调系统稳定、高效的运行，关系到水系统对周围人群的健康。随着节能减排方针的实施和人们对健康安全意识的提高，空调水系统的微生物污染问题也得到了广泛的关注。集中式空调冷却水系统中的温度及pH适合大多数微生物的生长繁殖，其中冷却水的循环也为微生物的传播提供了途径。

一、集中式空调水系统的微生物污染状况

集中式空调冷却水循环系统由于微生物的繁殖，易导致微生物污泥堵塞换热器管道；热媒水系统由于温度适宜，很易引起腐蚀性细菌及铁细菌的繁殖，导致管道局部腐蚀穿孔；凝结水系统由于细菌的繁殖，把灰尘等黏结成团，堵塞凝结水管。中国预防医学科学院流行病学微生物学研究所万超群调研了我国1998年北京某写字楼因集中式空调系统军团菌污染导致军团菌病发生的事件。空调系统冷却塔的淤泥和藻类为军团菌的繁殖提供了生存场所，而冷却水的循环及在冷却塔中的蒸发又为其传播提供了途径。图1-2是典型集中式空调系统组成图，结合图1-2对水系统的生物污染进行的详细分析如下：

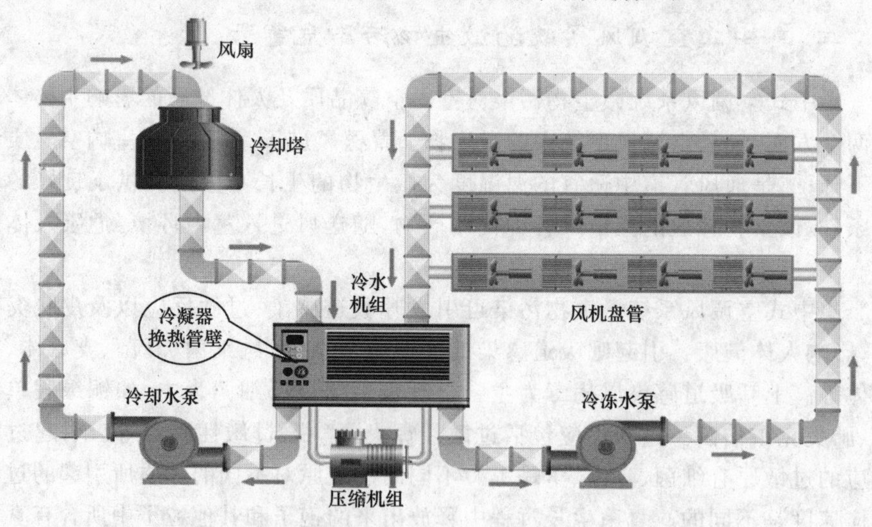

图1-2　集中式空调系统的组成

1. 冷却塔

冷却水直接与大气相通，空气中的污染物可以进入，其中温度、pH 适合大多数微生物生长繁殖。在夏季和秋季，由于气温较高，更适于微生物的生长。冷却塔中的循环水在循环过程中，会夹带起生长在冷却塔构件表面的微生物，形成微生物气溶胶。微生物气溶胶通过空调机入口、门窗和通风管道被吸入室内。除此之外，微生物气溶胶也能散布到冷却塔周围的空气中。冷却塔不仅是空调系统内部重要的生物污染源，而且是生物性污染物潜在的传播源。

2. 冷凝器换热管壁

微生物与其他杂质附着在冷凝器换热管壁上，使热交换效率大大下降，水流阻力增大，促使腐蚀的发生。

二、集中式空调水系统的微生物污染危害

冷却水中的微生物与泥沙、无机物、腐蚀产物、尘土等通过微生物分泌的黏液形成松软的团块，这些软泥性沉淀物被称为“微生物粘泥”，微生物粘泥在系统中的分布是十分不均匀的。在滞流区域(如换热器的低流速部位)的微生物粘泥较易沉积。微生物粘泥的热阻比磷酸钙垢还要高，对冷却效果的影响很大，大量的微生物粘泥会堵塞部分甚至全部的换热器冷却水通道，使换热器无法工作。大量的微生物粘泥还会堵塞冷却塔填料之间的间隙，堵塞冷却水通道，降低冷却效果，并使水质稳定剂失效。当微生物粘泥覆盖在金属表面后，一方面会使缓蚀阻垢剂因无法到达金属表面而失去作用，另一方面某些缓蚀阻垢剂也能成为微生物的营养源而被分解。例如，聚磷酸盐是一种很好的缓蚀阻垢剂，但它分解的正磷酸盐能够促进藻类的繁殖。亚硝酸盐是一种高效的缓蚀剂，但也是硝化细菌的营养源，硝化细菌不但能分解亚硝酸盐使它失效，而且分解产物硝酸加速了金属的腐蚀。微生物引起设备的腐蚀主要体现在以下几个方面：

1. 微生物泥垢引起差异腐蚀电池而使金属腐蚀。

2. 微生物粘泥使缓蚀剂失效。

3. 细菌的繁殖直接致使金属腐蚀。如铁细菌的生长致使钢腐蚀加快，硫酸盐还原菌、硝化细菌、硫杆菌新陈代谢的产物是无机酸，能使包括不锈钢、铜合钢、镍合金在内的大部分金属腐蚀。

4. 一些微生物的生长还能使非金属遭到破坏。一些专门“食”烃类或有机涂料的微生物能破坏有机涂层。如假单胞可以破坏含氧化亚铜和三丁基锡的涂料而破坏金属，硫氧化菌可以迅速破坏混凝土而使水池变得坑坑洼洼甚至穿孔漏水。真菌可以将木材的纤维素转化为葡萄糖而损坏冷却水系统中的木质构件。

第三节　集中式空调系统主要微生物及其来源

一、集中式空调系统主要微生物

根据《公共场所集中空调通风系统卫生规范》(WS 394—2012)，集中式空调系统主要的微生物污染是新风、冷却水和冷凝水及送风系统中的细菌、真菌、军团菌、β-溶血性链球菌等。集中式空调管道中的微风速、适宜温湿度、尘埃为微生物提供适宜的生存环境。其中细菌能在过滤器、冷却盘管、冷凝水滴水盘、管道、冷却塔、加湿器中存活。细菌总数检出率越高，集中空调微生物污染越严重，含有致病微生物的概率越大，致病风险越高。集中式空调系统的冷却塔、通风管道、冷水盘管适合真菌生长，真菌致病主要有真菌感染、中毒、变态反应性疾病，真菌的孢子和菌丝能引起鼻炎、哮喘、过敏性肺炎等，且集中式空调系统内生长的微生物以真菌类为主，因为真菌及其孢子在空气中的存活力较其他微生物强。

1. 细菌

集中式空调系统内细菌的种类主要有金黄色葡萄球菌、微球菌、链球菌、芽孢杆菌等。

金黄色葡萄球菌：金黄色葡萄球菌是影响人类的一种重要病原菌，隶属于葡萄球菌属，有“嗜肉菌”的别称，是革兰氏阳性菌的代表，可引起许多严重感染。位居全国医院感染率病原菌的前五名，是美国环保局推荐检测消毒效果的代表性测试菌。金黄色葡萄球菌形态如图 1-3 所示。

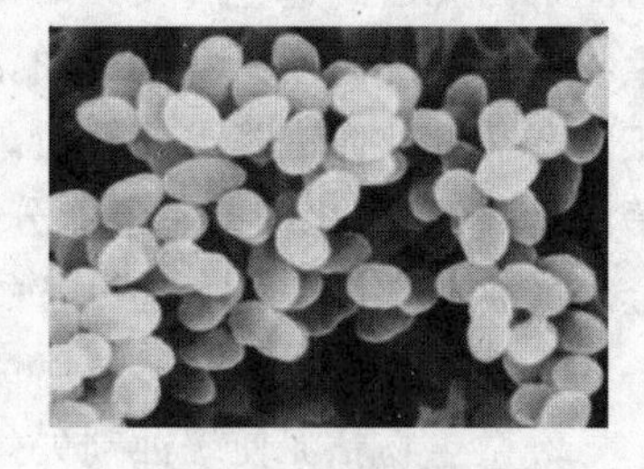

图 1-3　细菌(金黄色葡萄球菌)

微球菌：细菌的一科。为革兰氏染色阳性、接触酶阳性、好氧或兼性厌氧的球状细菌。

链球菌：球状或卵球状，排列成链。直径基本都小于 2 μm，大多数不运动，革兰氏染色阳性，属化能异养菌，发酵代谢，主要产乳酸但不产气，为兼性厌氧菌。链球菌是化脓性球菌的另一类常见的细菌，广泛存在于自然界、人和动物的粪便及健康人鼻咽部，大多数不致病。引起人类的疾病主要有化脓性炎症、毒素性疾病和超敏反应性疾病等。

芽孢杆菌：芽孢杆菌是杆菌科的一属细菌，大小为 4～10 μm，大多数有鞭毛，革兰氏染色阳性。芽孢杆菌为腐生菌，广泛分布于水和土壤中，有些则属于化能异养型，利用各种底物严格好氧或兼性厌氧，代谢为呼吸性或兼性发酵。有些进行硝酸盐呼吸，此菌能分解葡萄糖，产酸但不产气。它们对外界有害因子抵抗力强，分布广，存在于土壤、水、空气以及动物肠道等处。

2. 真菌

集中式空调系统内真菌的种类主要有枝孢霉属、青霉属、曲霉属和链格孢属。

枝孢霉属：枝孢菌是一种能够产生分生孢子的霉菌，属于半知菌中的一种，属于室内和室外都常见的霉菌，颜色为深绿色，因此经常与曲霉菌弄混。但是枝孢菌与青霉菌、曲霉菌不同的是，菌丝也带有颜色，菌落整体呈现深色。枝孢菌很少会对人类造成致病性，但会对皮肤和指甲造成感染，还会引起鼻窦炎和肺部感染。如果未能及时处理，这些感染则会发展成肺炎一类的疾病。空气中传播的枝孢菌孢子是极重要的过敏原，会广泛引起哮喘病人发作或有类似呼吸系统疾病患者的过敏反应。长期暴露其中会导致免疫系统退化。枝孢菌不会产生任何主要的毒枝菌素，但可以和易挥发性有机物(VOC)的气味联系起来。

青霉属：青霉菌属子囊菌纲，营腐生生活，生长在腐烂的水果、蔬菜、肉类和各种潮湿的有机物上。青霉菌丝体生长在植物的表面或深入物体内部。它由多细胞分枝很多的菌丝组成，细胞壁薄，内含一个或多个胞核，如图 1-4 所示。青霉菌可以使很多农副产品腐烂，也有少数种类可使人或动物致病，它能分泌一种抗生素叫青霉素，即盘尼西林(Penicillin)。青霉素对葡萄球菌、肺炎球菌、淋球菌、破伤风杆菌等有高度杀伤力。

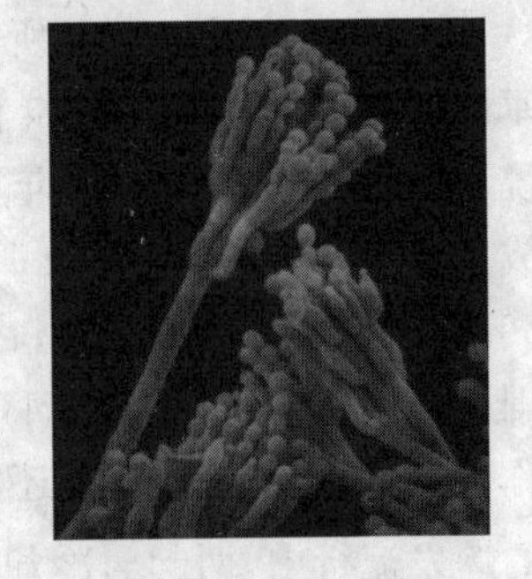

图 1-4　真菌(青霉菌)

曲霉属：曲霉菌是一种典型的丝状菌；气生菌丝的一部分形成长而粗糙的分生孢子梗，顶端产生烧瓶形或近球形顶囊，表面产生许多小梗(一般为双层)，小梗上着生成串的表面粗糙的球形分生孢子。曲霉菌在眼真菌感染症中的比例仅次于镰刀菌，占全部眼感染症的 10%左右。曲霉菌常导致角膜炎和眼内炎，偶见引起巩膜炎、结膜炎及泪囊炎。过去人们认为它主要引起外源性角膜感染及眼内炎，但随着各种免疫功能不全患者的增加，它作为一种内因性的致病菌也逐渐引起了人们的重视。

链格孢属：一方面，链格孢是经济上重要的真菌属之一。大多数种类兼性寄生于植物上，引起多种经济植物病害，造成田间和产后损失。有几个链格孢小孢子种可侵染人和动物,引起皮癣、甲癣、颚骨髓炎等疾病。链格孢产生的某些真菌毒素是重要的致癌因素。另一方面,链格孢也是有应用潜力的生物资源,如一些链格孢次生代谢物具有杀虫、杀菌和杀原生生物活性。长柄链格孢中某些菌株分生孢子壁中含有激发子组分,可被用来制成防治烟草赤星病的生物防制剂等。

3. 军团菌

军团菌是需氧的革兰氏阴性杆菌,无芽孢,两端和侧边有鞭毛,有动力,如图1-5所示。军团菌的生命力很顽强,广泛分布于土壤、湖水、河水、温泉等自然环境中。军团菌种类较多,现已发现了超过30种军团杆菌,至少19种是人类肺炎的病原体。其中最常见病原体为嗜肺军团菌(占病例的85%～90%),其次是L. *micdadei*(占5%～10%),再次是L. *bozemanii* 和 L. *dumoffii*。此类细菌形态相似,具有共同的生化特征,引起类似疾病。很多军团菌病都发生在人造的水环境中,例如,空调冷却塔中的水与外界相通,极易受到污染,且水温也较适宜军团菌的生长。冷却塔中底部的沉积物与铁质材料也为军团菌的繁殖提供了良好的条件。

中国疾病预防研究所控制中心邵祝军指出,军团菌病的大爆发与建筑物的中央空调及供水系统有关,并报道了1976年费城的军团菌事件,造成共182名与会人员和举办地总部所在街区的39名居民感染军团菌病,由于气溶胶也同时向周围街区扩散,因此周围街区的部分居民也被感染,称为宽街肺炎。邵祝军还指出,近年来军团菌大的爆发流行中,两起与冷却塔有关,其中:2000年4月在澳大利亚墨尔本市,游览新落成的水族馆人群中发生军团菌事件,造成119例确诊军团菌病例,4人死亡;2004年在西班牙爆发获得性军团菌病,750名病人中有310人被确诊军团菌病。这两起事件的原因都是中央空调冷却塔被军团菌污染。邵祝军还报道了1999年荷兰爆发的军团菌病,在参观荷兰花展的人群中有133人确诊,原因是温泉水喷淋系统被军团菌污染,军团菌通过喷雾形成气溶胶感染参观者。另外,韩国和中国香港等国家和地区也有军团菌病的相关报道。

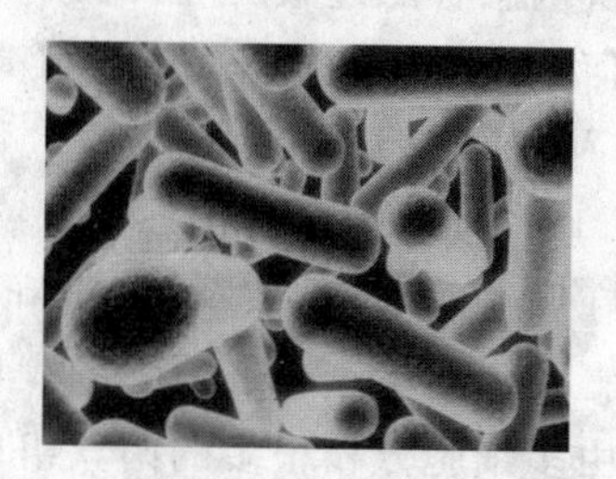

图1-5 军团菌

4. β-溶血性链球菌

β-溶血性链球菌是链球菌的一种,菌落周围形成界限分明、完全透明的无色溶血环,称乙型溶血,这种菌亦称为溶血性链球菌,如图1-6所示。溶血性链球菌在自然界中分布较广,存在于水、空气、尘埃、粪便及健康的人和动物的体内。

该菌的致病力强，常引起人和动物的多种疾病。

环境中有许多致病微生物，例如金黄色葡萄球菌、结核分枝杆菌、炭疽杆菌、嗜肺军团菌以及流感病毒、麻疹病毒等，由于卫生管理缺失，未能安排专人负责集中式空调卫生管理，未能定期进行清洗、消毒，且超负荷运行、新风量供给不足等原因都会导致致病菌污染集中式空调，从而造成人群健康危害。由于致病菌种类繁多，难以做到检测出每一种致病菌，因此，选择β-溶血性链球菌作为致病微生物的指示菌种。

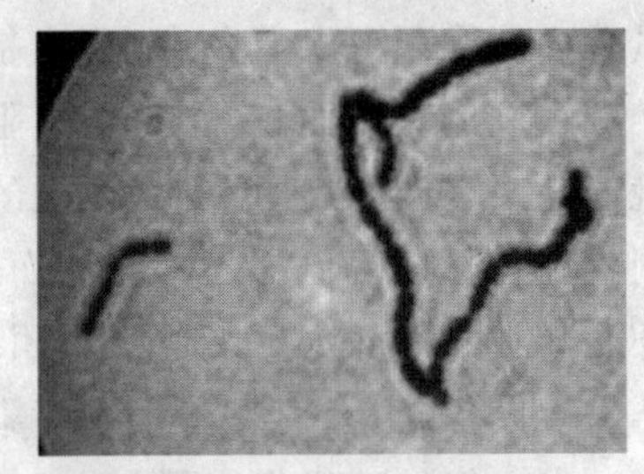

图 1-6　β-溶血性链球菌

二、集中式空调系统微生物来源

室内空气中的有害微生物气溶胶通过空气传播可导致大范围的人员患病甚至死亡。其中，空调通风系统对室内微生物气溶胶的直接影响可分为两种：一是空调通风系统的主要组分对微生物气溶胶的影响，具体指其组分直接降低或者增加室内微生物气溶胶的浓度；二是空调通风系统在运行过程中对室内微生物气溶胶的影响，既包括通风率、气流组织等参数对微生物气溶胶的影响，也包括该系统作为一条通道可将空气中已有的微生物从某一室内环境扩散到更多的室内环境。

在室内微生物污染方面，集中式空调系统微生物污染主要来源于以下 3 个方面：

1. 室外微生物污染源

由空调系统中的新风系统将室外微生物污染源引入。由于微生物多附着在微粒上传播，因此由室外所引入微生物的量与环境卫生状况、绿化程度、尘埃颗粒多寡及大小，以及空调通风系统的过滤设备性能有关。在通风空调系统管道施工安装过程中没有事先清洗管道内部的积尘和杂质，或者安装过程中没有做好管道封口处理，会为微生物污染提供机会。

2. 室内微生物污染源

当室内环境本身存在着污染源，采用集中式空调系统时，室内污染源可通过回风影响到空调系统内的不同房间或区域。

3. 空调通风系统的内部污染源

①风管和水管：通风空调系统长时间运行而未定期清洗风管，造成风管内部积尘量增加，为微生物的繁殖提供了营养元素。加上系统运行时风管内部湿度

较高，为微生物的生长提供了必需的水分。这些都导致微生物大量滋生。有些风管内部发现死老鼠的存在，也是室内微生物的一种来源。风管内部积尘过多会减小风道有效面积，增大系统阻力，使得送风量小于设计值，同时也会增大风机能耗。空调开启时，受到风机的振动影响，风管内部携带微生物的灰尘从管壁剥落，随送风气流送入房间，从而造成室内人员遭受各种致病菌的侵袭。来自室外冷却塔的冷冻水可能遭受军团菌的污染，含有军团菌的冷冻水送入风机盘管类末端设备，也会引发微生物污染。

②空气处理机组：通风空调的空气处理机组中含有加湿器、冷却器、冷却水盘、冷凝水盘等部件，经常与水接触，导致设备表面较湿和存在积水，容易滋生大量微生物。当空调运行时，微生物随送风气流进入房间，造成室内环境污染。空气处理机组中的过滤网积聚大量灰尘，为微生物的生长提供了碳源和生长场所。空调末端处理设备如风机盘管存在湿表面，同样为微生物的生长提供了条件。空调风系统内部污染问题如图 1-7 所示。

图 1-7　空调风系统内部污染问题

第四节　集中式空调系统微生物污染控制策略及影响因素

一、集中式空调系统微生物污染控制策略

集中式空调系统中管道和空气处理机组是微生物滋生的两大源头，所以控制室内微生物污染应该着重从这两处入手。集中式空调系统内积尘和积水为微生物生长繁殖提供营养源和场所，从控制积尘和积水的产生、贮存、逸散、排除

4 个方面入手，切断联系，破坏微生物生长繁殖的基本条件。微生物污染控制可分为事前规划、事中控制、事后补救 3 种措施。

1. 事前规划

事前规划指通过合理的通风空调系统设计和空调参数计算，尽量减少积尘和积水的产生，防止参数选取不合理导致空调结露出现湿表面，从源头上破坏生存条件，从而减少微生物滋生。

2. 事中控制

事中控制指通风空调系统运行过程中通过合理措施减轻微生物污染，例如加大室内新风量、减少回风、提高过滤效率、风管和空气处理机组实时监测微生物浓度和积尘积水情况，提供预警机制。

3. 事后补救

事后补救指采用化学消毒、物理清洗、微生物灭菌等手段控制微生物污染，保障人体健康。

同时，在施工安装过程中事先要清除管道和设备内的杂质积尘。安装过程中对管道和隔音保温材料进行封闭，及时更换施工中受潮的材料，杜绝湿表面的存在。安装完成后，通水以排除水管内铁锈等杂质，定期清理风管和过滤装置的积尘。水管无缝焊接后应及时除锈和涂刷防锈漆，内部可以二次镀锌。

在运行管理阶段，业主单位应制定相应的通风空调系统运行策略和管理规章制度，确保系统在设计工况下运行。如果室内外参数改变，应咨询设计单位及时变换控制措施，防止结露的发生。做好通风空调系统风管、水管、空气处理机组和室内微生物浓度的监测，及时采取杀毒消菌措施，确保室内人员健康。通风空调系统停止工作时，为防止风机停止运行外界新风倒灌进入系统引起结露，风机在系统停止时应延长运作，同时关闭新风阀门，确保吹干空气处理机组中的湿表面。

二、集中式空调系统微生物污染控制的影响因素

微生物的生长与繁殖受到各种因素的影响，包括环境因素和自身因素。环境因素包括温度、湿度以及营养物质等。自身因素则是微生物的种类及数量。空调系统内适宜的温度和湿度条件为微生物的生长繁殖提供了良好的环境。

1. 微生物的种类

消毒灭菌的效果根据不同种类微生物采取不同的方法，见表 1-1。

表 1-1　不同种类微生物的消毒灭菌效果

微生物种类	消毒灭菌效果
细菌繁殖体	易被消毒剂消灭，一般革兰氏阳菌对消毒剂较敏感，革兰氏阴性杆菌则常有较强的抵抗力。繁殖体对热敏感，消毒方法以热力消毒为主
细菌芽孢	芽孢对消毒因子耐力最强，杀灭细菌芽孢最可靠的方法是热力灭菌、电离辐射和环氧乙烷熏蒸法。在化学消毒剂中，戊二醛、过氧乙酸能杀灭芽孢，但可靠性不如热力灭菌法
病毒	对消毒因子的耐力因种类不同而有很大差异，一般来说，对消毒剂的敏感性介于细菌芽孢和繁殖体之间，亲水病毒的耐力较亲脂病毒强
真菌	对干燥、日光、紫外线以及多数化学药物耐力较强，但不耐热(置于 60 ℃ 环境 1 h 即可杀灭)。一些灭菌剂，例如环氧乙烷、甲醛、戊二醛和过氧乙酸也是良好的杀真菌剂

2. 微生物的数量

病原微生物数量越多，需要消毒的时间越长，所需消毒剂剂量也越大。

3. 有机物的存在与否

有机物在微生物表面形成保护层，妨碍消毒剂与微生物接触或延迟消毒剂的作用，致使微生物逐渐产生对药物的适应性。有机物和消毒剂作用，形成溶解度比原来更低或杀菌作用比原来更弱的化合物。一部分消毒剂与有机物发生作用，使其对微生物的作用浓度降低。有机物可中和一部分消毒剂。消毒剂中重金属类、表面活化剂等受有机物影响较大，戊二醛受影响较小。

4. 温度

随着温度升高，杀菌剂的杀菌作用增强。一般来说，如果温度按等差级数增加，则杀菌速度按几何级数增加。如甲醛、戊二醛和环氧乙烷，当温度升高至原来的 2 倍时，杀菌效果可增强 10 倍。酚类和乙醇受温度影响较小。

5. 湿度

湿度的影响来自两方面：一是消毒环境的湿度，它直接影响微生物的含水量，用消毒剂时，若细菌含水量太多，则需要延长杀毒时间；二是消毒环境的相对湿度，每种气体消毒剂都有其相适宜的相对湿度范围，如甲醛以湿度 60%为宜，过氧乙酸要求湿度＞40%，以 60%～80%效果为佳。不同微生物温、湿度生理学数据统计列入表 1-2 中。

表 1-2　　空调内有害微生物及其温、湿度生理学数据统计

界分类	微生物种类	生长温度/℃	最适温度/℃	生长所需的相对湿度/%
细菌	军团菌	20～50	35～46	55～99
	芽孢杆菌	15～55	30～37	95～99
	大肠杆菌	10～45	30～37	93～99
	金黄色葡萄球菌	15～40	37	90～99
真菌	青霉	8～35	22～28	81～99
	曲霉	5～40	25～30	80～99
	链格孢霉	5～45	22～28	70～99
	枝孢霉	5～45	22～28	70～99
	根霉	5～32	28	88～99
	木霉	5～45	22～28	70～99

6. pH

pH 从两方面影响杀菌作用，分别是改变消毒剂溶解度和分子结构。pH 过高或过低对微生物生长均不利。微生物生长环境的适宜 pH 为 6～8。在酸性条件下，细菌表面负电荷减少，阴离子型消毒剂杀菌效果好；在碱性条件下，细菌表面负电荷增多，有利于阳离子型消毒剂发挥作用。

7. 表面活性剂和金属离子

表面活性剂可以削弱消毒剂的作用，如次氯酸盐和过氧乙酸可被硫代硫酸钠中和。金属离子的存在对消毒效果也有一定的影响，可以削弱或者增强消毒作用。

参考文献

[1]　邓功成，吴卫东，李永波. 微生物与人类[M]. 重庆大学出版社，2015.
[2]　郭俊涛. 微生物的鉴别与图鉴[M]. 人民卫生出版社，2007.
[3]　周群英，王士芬. 环境工程微生物学[M]. 高等教育出版社，2008.
[4]　吕阳，胡光耀. 集中式空调系统生物污染特征、标准规范及防控技术综述[J]. 建筑科学，2016，32(06)：151-158.
[5]　王春阳. 空调机组微生物污染实态及热湿响应研究[D]. 大连理工大学，2016.
[6]　胡光耀. 集中式空调系统微波灭菌技术研究[D]. 大连理工大学，2018.

[7] 张寅平，赵彬，成通宝，等.空调系统生物污染防治方法概述[J].暖通空调，2003(03):41-46.

[8] 邵祝军.军团菌病的监测与防治[J].疾病监测，2005(06):281-282.

[9] 许丹丹.中央空调冷却水系统微生物腐蚀研究[D].武汉:华中科技大学,2011.

[10] 邵开建,张屹,赵锐,等.公共场所空调通风系统微生物污染现状调查[J].中国环境卫生,2005,7(3)：142-143.

[11] 武艳,荣嘉惠,Irvan Luhung.空调通风系统对室内微生物气溶胶的影响[J].科学通报,2018,63(10):920-930.

第二章 集中式空调系统微生物污染标准规范

集中式空调系统的卫生质量关乎人民健康，各国颁布了相关法规、标准、规范来加强集中空调的卫生管理，集中式空调系统的安全运行保障是公共场所防控疾病传播的一个重要组成部分。集中式空调系统微生物污染的相关标准在预防空气传播性疾病在公共场所的传播和保证输送空气的卫生质量上具有重要作用。

第一节 集中式空调系统微生物污染防控标准

为了规范公共场所集中式空调通风系统的卫生管理，做好传染病预防工作，保护公众健康，我国先后出台了一系列标准规范。这些标准规范可以为人民群众提供健康的生活和工作环境，降低群体性疾病的防控风险。

一、我国集中式空调系统微生物污染防控标准规范历史沿革

为了预防公共场所集中式空调通风系统传播疾病，保护人体健康，依据《中华人民共和国传染病防治法》《公共场所卫生管理条例》《突发公共卫生事件应急条例》和《传染性非典型肺炎防治管理办法》，我国于 2003 年 8 月 19 日颁布了《公共场所集中空调通风系统卫生规范》，规定了公共场所空调系统的一般卫生要求、传染病流行期卫生要求、净化消毒装置卫生要求、卫生学评价和卫生管理

要求。2005 年 11 月 30 日由中国建筑科学研究院和中国疾病预防控制中心主编的《空调通风系统运行管理规范》问世，对其中一些主要内容和指标进行了研究和论证，规范建筑空调通风系统的运行管理，贯彻节能环保、卫生、安全和经济实用的原则，保证系统达到合理的使用功能，节省系统运行能耗，延长系统的使用寿命，可快速有效地应对突发紧急事件。2006 年 3 月 1 日颁布了《公共场所集中空调通风系统卫生管理办法》，同年颁布《公共场所集中空调通风系统卫生规范》《公共场所集中空调通风系统卫生学评价规范》《公共场所集中空调通风系统清洗规范》，进一步加强了公共场所集中式空调通风系统的卫生管理。后续不断对相应规范进行修订，以应对发生与空调通风系统相关的突发性事件时，采取相关应急运行管理。我国自 2003 年以来出台的相关标准规范按照时间轴形式表现如图 2-1 所示。

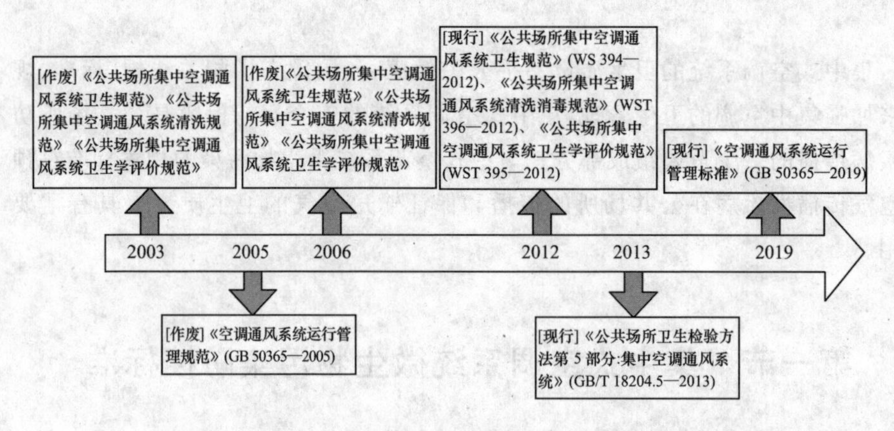

图 2-1　我国集中式空调系统微生物污染相关标准规范时间轴图

图 2-1 中，《公共场所集中空调通风系统卫生规范》(WS 394—2012)、《公共场所集中空调通风系统清洗消毒规范》(WST 396—2012)以及《公共场所集中空调卫生学评价规范》(WST 395—2012)与我国公布的《公共场所集中空调通风系统卫生管理办法》相配套使用。《公共场所卫生管理条例实施细则》以及《公共场所集中空调通风系统卫生管理办法》均为行政管理条例，在图 2-1 时间轴中没有列举。此外，2013 年出台的《公共场所卫生检验方法》包括六部分：物理因素、化学污染物、空气微生物、公共用具微生物、集中空调通风系统以及卫生监测技术规范，更新了《公共场所卫生监测技术规范》(GB/T 17220—1998)、《公共场所卫生标准监测检验方法》(GB/T 18204.1—18204.30—2000)、《公共场所空气

微生物检验方法细菌总数测定》(GB/T 18204.1—2000)的内容,《公共场所卫生检验方法》中与集中式空调系统微生物污染有关的规范为第5部分:集中空调通风系统(GB/T 18204.5—2013)。

二、国内外空调通风系统微生物安全相关标准对比

我国出台的一系列标准规范对空调通风系统微生物污染的检测方法、评价标准、检测指标、清洗消毒、运行管理等进行了明确规定,总结如表2-1所示。

表2-1　中国空调通风系统微生物污染相关标准规范

	标准规范名称	主要内容
检测方法	《公共场所集中空调通风系统卫生规范》(WS 394—2012) 《公共场所卫生检验方法第5部分:集中空调通风系统》(GB/T 18204.5—2013)	新风量、冷却水、嗜肺军团菌、细菌/真菌、β-溶血链球菌、积尘量/表面微生物的检测方法
评价标准	《公共场所集中空调通风系统卫生学评价规范》(WST 395—2012)	空调系统卫生学评价的内容、方法、竣工验收标准
检测指标	《公共场所集中空调通风系统卫生规范》(WS 394—2012)	冷却水和冷凝水中不得检出嗜肺军团菌,细菌和真菌等指标
清洗消毒	《公共场所集中空调通风系统清洗消毒规范》(WST 396—2012)	清洗技术要求、消毒技术要求、清洗消毒效果及安全措施要求等
运行管理	《公共场所卫生管理条例实施细则》 《空调通风系统运行管理标准》(GB 50365—2019)	空调系统运行管理以及清洗杀菌消毒方案

对比美国、德国等开展空调通风系统研究相对成熟国家的相关标准规范,我国空调通风系统标准规范在新风口、冷却塔、风机盘管、加湿器设计及清洗消毒等方面的设计都有差异。根据《可接受室内空气质量通风标准》(Ventilation for Acceptable Indoor Air Quality)(ANSI/ASHRAE 62.1—2016)、德国工程师协会制定的《通风和空调系统以及空气处理机组的卫生要求》(Ventilation and indoor quality hygiene requirements for ventilation and air-conditioning systems and units)(VDI6022.1)和美国风管清洗者学会(NADCA)制定的《供暖、通风和空调系统的评估、清理和修复标准》(Assessment, Cleaning, and Restoration of HVAC Systems)(ACR The NADCA Standard. 2013)规范体系,与我国现有规范对比分析列入表2-2中。

表 2-2　　国内外空调通风标准规范对比

	区别
新风口设计	美国标准《可接受室内空气质量通风标准》(ANSI/ASHRAE 62.1—2016)对新风口距污染源安全防护距离及防护网的直径大小及新风口要加防雨雪进入装置方面明确要求
冷却塔设计	美国和德国对冷却塔应使用化学制剂定期清洗、检查提出相关要求
风机盘管设计	德国要求盘管表面不能有霉菌生长的痕迹，盘管表面冷凝水中的细菌总数<1 000 CFU/mL，对风机盘管表面冷却水要求更为科学和严格
加湿器设计	美国和德国标准对水质做出了卫生学要求，需达到饮用水标准
清洗消毒效果	德国详细规定了冷凝水中菌落总数和军团菌总数，提出了冷凝水中菌落总数和军团菌的限值

第二节　集中式空调系统微生物污染防控运行管理规定

原国家卫生部于2011年修订了《公共场所卫生管理条例实施细则》，在细则中首次对集中空调未经检测或评价不合格而投入使用的公共场所予以限期责令改正至最高吊销卫生许可证的处罚。针对空调风管系统的微生物污染情况，我国2019年颁布的《空调通风系统运行管理标准》(GB 50365—2019)对空调系统卫生要求进行了规定，具体内容如下：

1.空调通风系统在运行期间，应合理控制新风量，空调房间内 CO_2 浓度应小于0.1%。

2.新风口的周边环境应保持清洁，应远离建筑物排风口和开放式冷却塔。不得从机房、建筑物楼道以及吊顶内吸入新风，新风口处的保护网及防雨措施应定期检查、清洗。

3.新风量宜按设计要求均衡地送到各个房间。

4.空调冷却水和冷凝水的水质应进行定期检测和分析。当水质不符合国家现行相关标准的规定时，应采取相应措施改善空调水系统的水质。

5.空调通风系统初次运行和停止运行较长时间后再次运行之前，应对其空气处理设备的空气过滤器、表面式冷却器、加热器、加湿器、冷凝水盘等部位进行全面检查，并根据检查结果进行清洗或更换。

6.空气过滤器、表面式冷却器、加热器应定期检查，清洗或更换。

7.空调通风系统设备冷凝水管道的水封应定期检查，冷凝水应能顺利排出。

8.空调房间内的送风口、回风口和排风口表面不得有积尘和霉斑。

9.空气处理设备的凝结水集水部位、加湿器设置部位应定期检查，不应存在积水、漏水、腐蚀和有害菌群滋生现象。

10. 空调通风系统的设备机房内应干燥清洁，不得放置杂物。

11. 冷却塔应保持清洁，应定期检测和清洗，且应做好过滤、缓蚀、阻垢、杀菌和灭藻等水处理工作。

12. 空调通风系统中的风管和空气处理设备应定期检查、清洗和检验，应去除积尘、污物、铁锈和菌斑等，并应符合下列规定：

①风管检查周期每 2 年不少于 1 次，空气处理设备检查周期每年不应少于 1 次。

②当通风系统不满足卫生要求或存在其他污染、系统性能下降或者室内空气质量有特殊要求时应进行清洗。

③清洗效果应进行现场检验，并应达到下列要求：

a. 当采用目测法检验时，内表面不应有明显碎片和非黏合物质。

b. 当采用称质量法检验时，应通过专用器材进行擦拭取样和测量，残留尘粒量应少于 1.0 g/m^2。

c. 当采用阻力测试法检验时，应通过压差计测试空气过滤器、表面式冷却器、加热器等被清洗部件的前后静压差，阻力损失应在常规范围内。

13. 当空调通风系统中有微生物污染时，宜采取有效措施对空气处理设备、风管及其服务的功能房间进行消毒，并应采用国家相关部门认可的消毒药剂和器械，消毒的实施过程中应采取措施保护人员财产不受伤害。

第三节　基于标准规范的集中式空调系统卫生综合评价

综合评价是目前集中式空调系统卫生研究领域的热点方向，也是规范卫生监督行为亟须解决的问题。目前，空调卫生状况综合评价方法包括以空调设施、卫生清洗档案、风管系统、水系统的卫生学指标污染程度评级法、模糊综合评价法、灰色关联分析、预警指标研究等。对于风管内表面指标可作为评价空调系统的关键指标，空调系统卫生学评价中的主观清洁程度判断与客观检测指标具有一定的相关性。需要对空调系统设施设置、管理行为以及客观检测指标进行综合调查，通过评价区域集中空调公共建筑主要监管对象卫生状况以及影响因素，了解管理人群的认知水平及执法环境，为政府部门科学制定空调环境卫生监管决策提供依据。

参考文献

［1］ 中华人民共和国卫生部.公共场所集中空调通风系统卫生规范：WS 394—2012［S］.2012.

［2］ 中华人民共和国卫生部.公共场所集中空调通风系统卫生学评价规范：WS/T 395—2012［S］.2012.

［3］ 中华人民共和国卫生部.公共场所集中空调通风系统清洗消毒规范：WS/T 396—2012［S］.2012.

［4］ 中华人民共和国国家质量监督检验检疫总局、中国国家标准化管理委员会.公共场所卫生检验方法 第5部分：集中空调通风系统：GB/T 18204.5—2013［S］.2013.

［5］ 中华人民共和国国家质量监督检验检疫总局、中国国家标准化管理委员会.公共场所卫生检验方法 第6部分：卫生监测技术规范：GB/T 18204.6—2013［S］.2013.

［6］ 空调通风系统运行管理标准(附条文说明)：GB 50365—2019［S］.2019.

［7］ 中国国家认证认可监督管理委员会.质量管理体系 集中空调通风系统清洗消毒服务要求：RB/T 162—2017［S］.2017.

［8］ ASHRAE标准委员会.可接受室内空气质量通风标准：ANSI/ASHRAE6 2.1.2016［S］.2016.

［9］ 德国工程师协会.通风和空调系统以及空气处理机组的卫生要求：VDl6022.1［S］.2014.

［10］ 美国NADCA风管清洗协会.供暖、通风和空调系统的评估、清理和修复标准：ACR The NADCA Standard.2013［S］.2013.

第三章 集中式空调系统微生物的检测与监测

第一节 集中式空调系统微生物检测方法与指标

一、集中式空调系统微生物检测方法

《公共场所集中空调通风系统卫生规范》(WS 394—2012)附有集中式空调系统新风量检测方法、集中式空调系统冷却水、冷凝水中嗜肺军团菌的检验方法、集中式空调送风中细菌/真菌总数、集中式空调送风中β-溶血链球菌/嗜肺军团菌的检验方法、集中式空调风管内积尘量/表面微生物的检验方法等。《公共场所集中空调通风系统卫生学评价规范》(WST 395—2012)主要对集中式空调系统的卫生学评价的内容、方法、竣工验收做了详细规范。《公共场所卫生检验方法第5部分:集中空调通风系统》(GB/T 18204.5—2013)对于集中式空调送风系统的微生物污染、微生物检验方法做出了规定,内容除多出第12章空调系统净化消毒装置外,与《公共场所集中空调通风系统卫生规范》(WS 394—2012)的附录完全相同,其中包括空调冷却水、冷凝水中嗜肺军团菌的检验、空调送风中细菌总数和真菌总数的检验、空调送风中β-溶血性链球菌、嗜肺军团菌的检验、空调风管内表面积尘量、表面微生物的检验等。我国针对公共场所集中式空调系统发布的相关规范见图3-1。本书将《公共场所集中空调通风系统卫生规范》《公共场所卫生检验方法》中具体检验项目分别列入表3-1和表3-2。

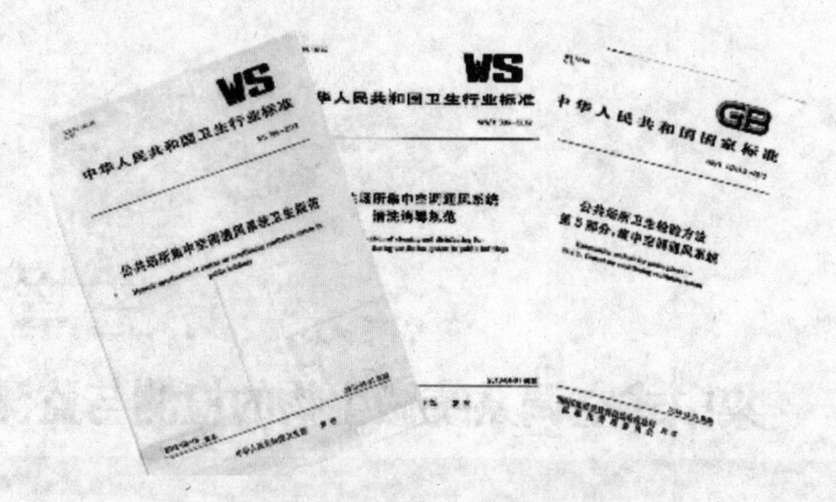

图 3-1　我国针对公共场所集中式空调系统发布的相关规范

表 3-1　《公共场所集中空调通风系统卫生规范》检验项目

检验环境	检验项目
集中空调系统	新风量检测
集中空调系统冷却水、冷凝水	嗜肺军团菌
集中空调送风	细菌总数
集中空调送风	真菌总数
集中空调送风	β-溶血性链球菌
集中空调送风	嗜肺军团菌
空调风管内部	积尘量
空调风管内表面	微生物

表 3-2　《公共场所卫生检验方法》微生物及积尘检验项目

检验环境	检验项目
空调冷却水、冷凝水	嗜肺军团菌
空调送风	细菌总数
空调送风	真菌总数
空调送风	β-溶血性链球菌
空调送风	嗜肺军团菌
空调风管内部	表面积尘量
空调风管内部	表面微生物

二、集中式空调系统微生物检测指标

原国家卫生部 2012 年提出的《公共场所集中空调通风系统卫生规范》（WS

394—2012)第4节卫生质量要求，对送风卫生要求、风管内表面卫生要求做了相关规定，其中除规定集中空调冷却水和冷凝水中不得检出嗜肺军团菌外，对细菌和真菌等指标做出了要求，如表3-3和表3-4所示。

表3-3　送风卫生要求

项目	要求
PM_{10}	$\leqslant 0.15\ mg/m^3$
细菌总数	$\leqslant 500\ CFU/m^3$
真菌总数	$\leqslant 500\ CFU/m^3$
溶血性链球菌等致病微生物	不得检出

表3-4　风管内表面卫生要求

项目	要求
积尘量	$\leqslant 20\ g/m^2$
致病微生物	不得检出
真菌总数	$\leqslant 100\ CFU/cm^2$
细菌总数	$\leqslant 100\ CFU/cm^2$

国家制订的《公共场所集中空调通风系统清洗消毒规范》(WST 396—2012)对清洗技术要求、消毒技术要求、清洗消毒效果及安全措施要求等做出明确规定。规范规定：风管清洗后，风管内表面积尘残留量宜小于1 g/m^3，风管内表面细菌总数、真菌总数应小于100 CFU/m^2。部件清洗后，表面细菌总数、真菌总数应小于100 CFU/m^2。集中空调系统消毒后，其自然菌去除率应大于90%，风管内表面细菌总数、真菌总数应小于100 CFU/m^2，且致病微生物不得检出。冷却水消毒后，其自然菌去除率应大于90%，且嗜肺军团菌等致病微生物不得检出。

第二节　集中式空调风系统微生物污染的监测方法

集中式空调风系统内的温度和湿度非常适宜某些微生物的生长和繁殖，成为滋生微生物的温床。当集中式空调系统开启时，微生物污染会存在随着通风气流传播至室内的风险。

一、风系统微生物污染的监测方法

微生物污染的监测方法很多，传统的培养计数法、染色计数法、生物传感器技术、PCR 法、基因芯片技术及质谱法等均可应用于集中式空调风系统的微生物监测。

1. 培养计数法

培养计数法是传统的空气微生物监测方法，见图 3-2。一般用自然沉降或采样器把微生物采样到液体、固体或半固体的采样介质上，再经过培养繁殖生长成菌落后计数，然后进行分离和纯化，通过检测鉴定，确定为何种微生物。培养计数法只能监测经过培养能够繁殖的微生物，不能测定空气中不能培养和死亡的微生物。传统培养计数法只能在一定的条件下用于微生物的监测，难以反映真实的环境微生物状况，很大程度上限制了对结果的判定。

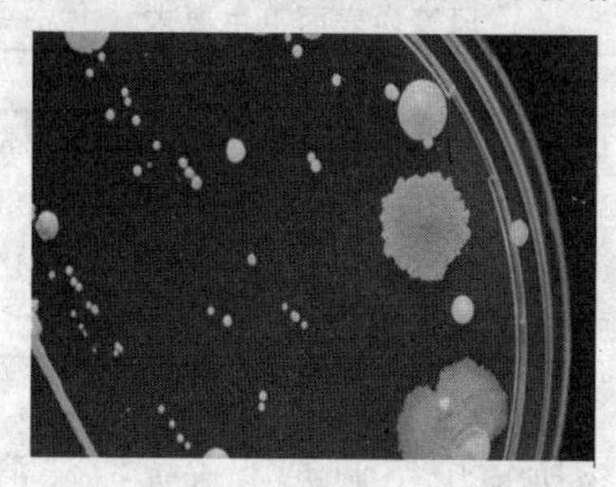

图 3-2　微生物培养结果示意图(真菌类)

2. 染色计数法

DAPI(4，6-二脒基-2-苯基吲哚)染色法已被认为是一种标准的测定微生物总量的方法，而且操作简便，计数准确。采用 DNA 染色后直接镜检计数的方法来测定养殖环境内微生物的浓度，能得到较理想的结果，见图 3-3。DAPI 染色后的直接荧光镜检计数操作简单，不论是活细胞，还是死细胞、残核细胞，都可以被检测出来，可得到一个客观真实的数据，是对环境中微生物总量检测较为简捷、有效的方法。

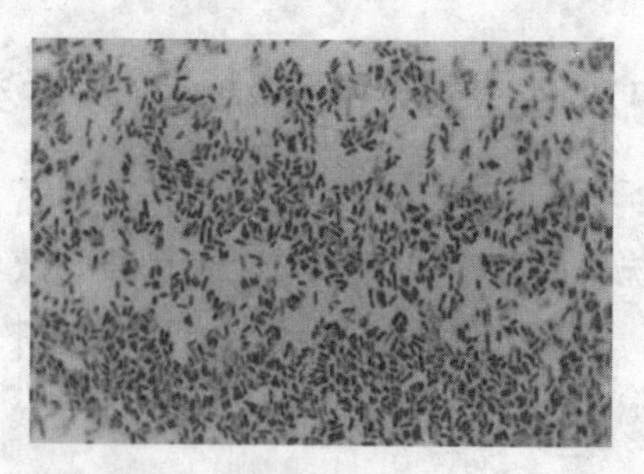

图 3-3　微生物染色结果(大肠杆菌)

3. 生物传感器技术

生物传感器对生物物质敏感，并可将其浓度转换为电信号进行监测。生物传感器是由固定化的生物敏感材料（包括酶、抗体、抗原、微生物、细胞、组织、核酸等生物活性物质）作识别元件，与适当的理化换能器（如氧电极、光敏管、场效应管、压电晶体等）及信号放大装置构成的分析工具或系统。生物传感器具有接收器与转换器的功能。该方法能够用于具有多个信号识别位点的蛋白质毒素和病原体的监测。生物传感器工作原理见图 3-4。

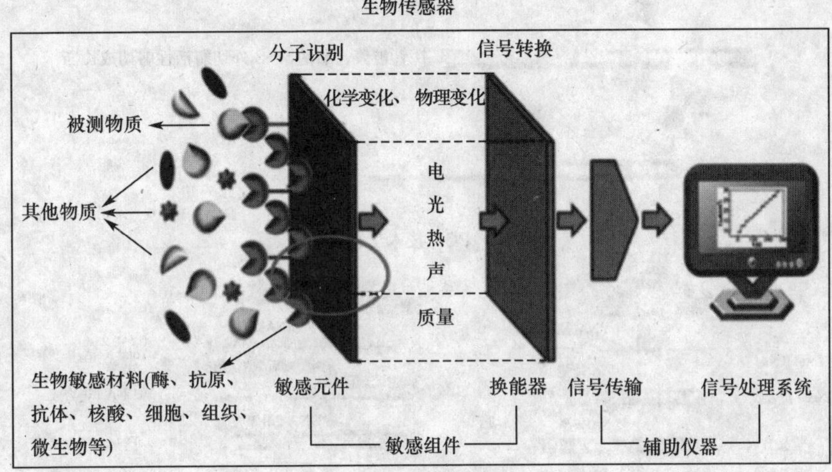

图 3-4　生物传感器工作原理

4. PCR 法

PCR 法特异性强，操作简便、快速，尤其是最新发展的定量 PCR 的方法，不仅灵敏度高，检测速度快，还可以实现对 DNA 或 RNA 的绝对定量分析，近几年在微生物的研究中使用较多。实时定量 PCR（qPCR）法能够快速且精确地监测微生物。采用实时 PCR 与采样器相结合的方法监测空气中的病毒，可以监测空气中是否有特殊病原体，还可以用来进一步分析空气中微生物的感染力。这种采样器与 PCR 法相结合的监测方法快速且精确度高，可用于鉴定易变化的空气中的病毒。PCR 技术工作原理见图 3-5。

5. 基因芯片技术

基因芯片（又称 DNA 芯片、生物芯片）技术指将大量（通常每平方厘米点阵密度高于 400）探针分子固定于支持物上后，与标记的样品分子进行杂交，通过监测每个探针分子的杂交信号强度，进而获取样品分子的数量和序列信息，见

图 3-6。与其他监测方法相比，该方法具有特异性强、灵敏度高、扩增高效快速、步骤简单、鉴定简便等优点。

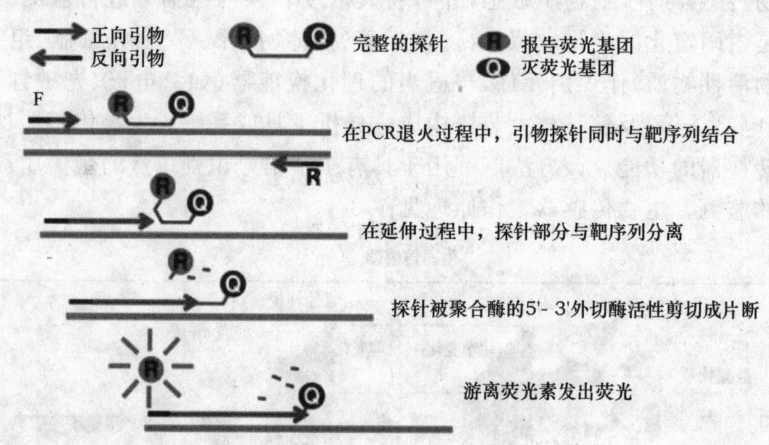

图 3-5　PCR 技术工作原理

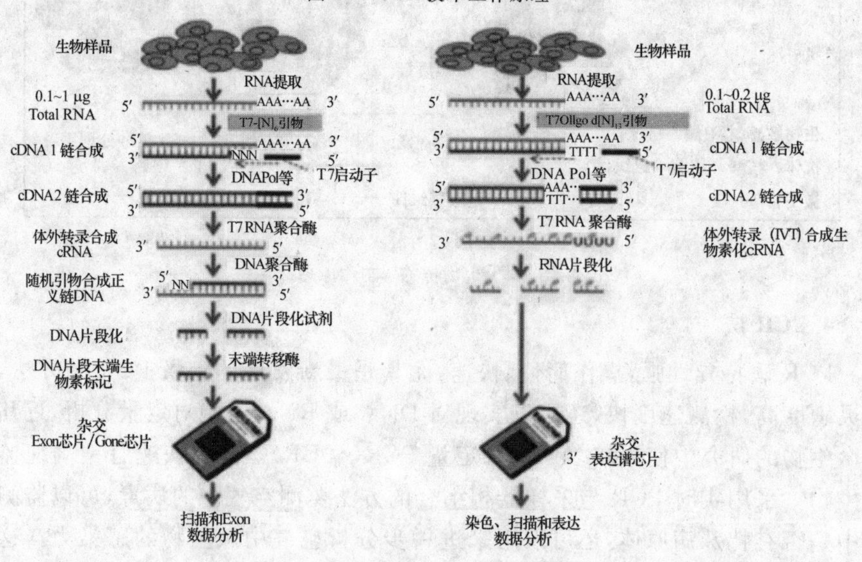

图 3-6　基因芯片技术预测乳腺癌

6. 质谱法

生物质谱仪是一种实时的单细胞分析技术，可跟踪测量芽孢杆菌的孢子形成过程中单个细胞的生化和形态的改变，采用实时测量微生物粒子直径和化学成分的飞行时间质谱仪，可测量生物气溶胶粒子的直径分布和分子成分。质谱法基本过程见图 3-7。

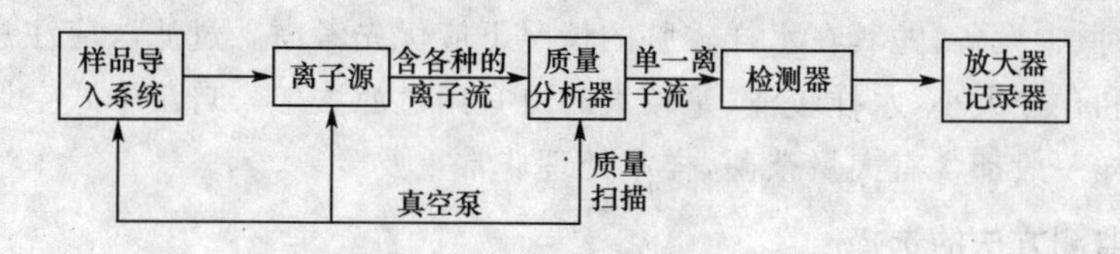

图 3-7　质谱法基本过程

二、风系统微生物的监测要求

对集中式空调系统微生物污染严重的场所，应采取持续的除菌和杀菌、动态控制微生物的浓度，达到室内环境空气消毒的卫生标准。生物传感器可应用于监测多种细菌、病毒及其毒素，如炭疽芽孢杆菌、鼠疫耶尔森氏菌、埃博拉出血热病毒、肉毒杆菌类毒素等。实时定量 PCR 可对室内和室外环境中的微生物进行量化研究，这种方法可准确监测和有效量化与公共健康有关的微生物的风险评估。利用飞行时间质谱仪可以在线测量气溶胶的粒径分布，并同时对气溶胶的化学组分进行实时监测。流式细胞计数法实时监测微生物，可同时测量粒子空气动力学粒径。尽管不同的环境决定干扰物质，不同的探针辨别不同的菌种，但仍然能够克服流式细胞仪的较高检测极限。另外，利用紫外技术诱导活微生物产生紫外荧光，可以实时监测微生物粒子的浓度，一旦超标即报警。

第三节　集中式空调水系统微生物污染的监测方法

集中式空调系统循环水因其内环境的特殊性，易被致病菌污染并导致感染病流行及暴发。在工业冷却水系统运行过程中，细菌、真菌、藻类等会引起系统故障，引起腐蚀，尤其由藻类生成的沉积物覆盖的金属表面，会形成差异腐蚀电池而引发沉积物腐蚀，造成严重的污染问题。

一、水系统微生物污染的监测步骤

1. 水样的采集

水样的采集直接影响测定结果，采样容器应该选择化学惰性材料制成（如玻璃、聚丙烯）并灭菌。根据检查规模及水样污染程度，采样量为 10～500 mL，一般为 250～500 mL，同时测定水样的温度、pH、混浊度及有无藻类的原虫等。

2. 水样的处理

水样的微生物数量一般较低，可通过离心和过滤集菌以便提高检出率。离心法省时、省设备,尤其在水样较脏的情况下应优先考虑。过滤法应注意膜的化学构成和孔径大小,水样较清、量较大时更宜用过滤法。来自集中式空调系统的冷却水样一般都含有大量杂菌,样本处理非常重要。

3. 监测方法的选择

①细菌培养是权威机构认可的检测方法,此方法中增菌培养可以使检样中微生物的数量增大,提高细菌分离阳性率。但它存在着分离过程复杂,培养时间长(3～5 天),特异性培养基价格昂贵等问题。

②免疫血清学方法常被用作疾病流行病学回顾性调查时的检测方法,具有简便、快速等优点,但敏感性较细菌培养法低。

③尿抗原检测是一种廉价、快速的检测方法,敏感性达 70%,特异性接近 100%。根据文献报道,尿中嗜肺微生物抗原可存在 1 年。

④PCR 及其相关技术检测军团菌的方法,当前国内外有常规 PCR、PCR-探针法、套式 PCR、半套式 PCR、多重 PCR、以 PCR 为基础的指纹图谱技术等。PCR 技术与其他检测方法相比具有特异性强、灵敏度高和操作简单、快速等优点,更有利于军团菌的早期诊断。从特异性、灵敏性、可操作性、经济性等方面比较,半套式 PCR 特别适用于环境样本的检测,普通 PCR 的假阳性问题在半套式 PCR 中可被指示出来,重复性、稳定性都很好。

二、水系统微生物的监测要求

事先全面检测循环冷却水的微生物情况是十分必要的。全面监测包括:(1)物理观测;(2)化学分析;(3)黏泥测定;(4)微生物监测四个方面。微生物监测又分藻类、真菌及细菌三方面。只有通过全面监测才能对冷却水中微生物的情况做出正确的判断,仅靠某一项监测结果不能反映冷却水中微生物的真实情况。

参考文献

[1] 中华人民共和国卫生部. 公共场所集中空调通风系统卫生规范:WS 394—2012[S]. 2012.

[2] 中华人民共和国卫生部. 公共场所集中空调通风系统清洗消毒规范:WS/T 396—2012[S]. 2012.

[3] 中华人民共和国国家质量监督检验检疫总局、中国国家标准化管理委

员会.公共场所卫生检验方法 第5部分:集中空调通风系统:GB/T 18204.5—2013[S].2013.

[4] 中华人民共和国国家质量监督检验检疫总局、中国国家标准化管理委员会.公共场所卫生检验方法 第6部分:卫生监测技术规范:GB/T 18204.6—2013[S].2013.

[5] 杜茜,李劲松.微生物气溶胶污染监测检测技术研究进展[J].解放军预防医学杂志,2011,29(06):455-458.

[6] 吕阳,胡光耀.集中式空调系统生物污染特征、标准规范及防控技术综述[J].建筑科学,2016,32(06):151-158.

第四章

集中式空调风系统微生物污染防治

集中式空调风系统是实现通风功能，包括通风管道、出风口、回风口、风机盘管、过滤器，以及其他附属设备在内的一整套装置。集中式空调风系统的污染被认为是室内污染、交叉感染和致病菌扩散的途径之一。集中式空调风系统微生物污染的清洗是其微生物污染防治的关键节点，集中式空调风系统通过清洗技术来达到除垢、杀菌和延长设备使用寿命的效果。

第一节　集中式空调风系统的通风管道清洗

通风管道的清洗工作应该分段、分区域进行，在通风管道清洗工作段与非工作段之间、进行清洗的通风管道与其连通的室内区域之间应采取有效的隔离空气措施。在清洗过程中应采取有效措施控制敏感的异味，不可出现尘土飞扬的情况，清洗过程中清除的污染物也必须收集起来妥善处理。必要时可在通风管道上开启清洗维修口，并安装可开闭的清洗维修门以供清洗机械进出，以便进行相应的清洗与检查工作。清洗过程中，通风管道内部应保持负压，防止集中空调风系统内的污染物散布到非清洗工作区域。

一、立管清洗

自动旋转气锤是专为清洗立管设计制作的。具体施工方法如下：

①在立管最底层水平风管处开孔（开孔尺寸为 240 mm×240 mm 或

400 mm×400 mm)，用气囊或海绵封堵向另一端的水平风管，连接空气负压机。同时封堵立管上的所有支管。

②在靠近最高层水平风管竖井处开孔(开孔尺寸为 240 mm×240 mm 或 400 mm×400 mm)，用气囊或海绵密封另一端的水平风管。

③用检测设备对竖井风管进行清洗前的检测。

④当风管截面积大于 800 mm^2 时，使用自动旋转气锤操作。当风管截面积小于 800 mm^2 时，选用相应的清扫大蜘蛛进行操作。

⑤开启空气负压机，利用选好的清洗设备从最高层向下进行清洗。

⑥清洗干净后，对通风管道进行清洗后的录像。

二、水平通风管道清洗

空调系统的水平通风管道由于管路较长且复杂，清洗过程需分步处理，具体步骤如下：

①确定清洗范围

根据管道的布置情况和阀门的位置，定好清洗距离和清洗检查孔的位置，清洗距离最大可达 50 m。清洗检查孔应开在三通、四通或管道拐弯处，并且靠近顶棚检修人孔。清洗检查孔可以开在通风管道底部，也可以开在通风管道侧面，大小有 400 mm×400 mm 和 240 mm×240 mm 两种。

②封堵

管道封堵采用充气气囊，气囊能根据管道的形状，在压缩空气的作用下自适管道形状，达到封堵目的。风口封堵采用透明塑料膜，塑料膜裁成与风口大小基本相当，用胶带把它与口边沿密封。在一个清洗管段内，除清洗口和灰尘收集口外，其他风口全部封堵。用检测机器人对管内进行录像，并标记录像的管道编号，以便与清洗后的录像进行对比。

③清洗及预检

首先用气鞭对管道壁进行高频振动，使浮尘和垢块与管壁脱离，脱落的浮尘、垢块在高速气流作用下被迅速卷走，向空气负压机吸气口移动。对于气鞭清洗后仍然没有除掉的灰尘，再用清扫刷清洗一次，设备自带摄像头，管道内每一处情况都在清洗工作人员的监视之下，确保管道内每个地方都清洗干净。

若清扫刷体积较大，在管内清扫时对气流有很大的阻滞作用，刷下的灰尘没有完全被吸走，还需要气锤机器人进行清洗。气锤机器人靠大流量的压缩气体进行清洗工作，加上空气负压机的排气量，一送一吸两种气体使管道内形成强大"风暴"，可以把管道内的灰尘全部清除干净，使管壁光亮。对清洗完的管道进行录像，并标记管道编号。邀请甲方代表对清洗完的管道进行验收签字。

④送风管和回风管的支管清洗

清洗空调风系统时,应先清洗回风系统然后再清洗送风系统。清洗回风管时应从回风管的末端向新风机组清洗。其顺序为先清洗回风干管,然后清洗回风支管,最后清洗回风主管。清洗送风管时应从新风机组向送风管的末端清洗。其顺序为先清洗送风主管,然后清洗送风支管,最后清洗送风干管。

⑤施工检测门的安装与恢复

空调新风系统水平风管清洗时,当风管长度大于 20 m 或有支管和风阀时,不能利用风口进行操作,要另开操作孔(操作孔恢复时最好安装检测门,以便检查和再次清洗时使用)。根据风管的大小开操作孔,尺寸为 240 mm×240 mm 或 400 mm×400 mm。风管清洗时,如果顶棚吊顶是死顶,顶棚上也要开操作孔(尺寸为 600 mm×400 mm),清洗后恢复成检修孔形式。

第二节　集中式空调风系统的附属部件清洗

集中式空调风系统的附属部件清洗时,应先进行系统或者部件的清洗,达到相应的卫生要求后再进行消毒处理。选择在保证消毒效果的前提下对风管及设备损害小的消毒剂,且在消毒后应及时进行冲洗和通风,防止消毒液残留物对人体与设备的有害影响。

一、出风口、回风口等风口的清洗

①将室内机出风面板的摆锤叶片调至水平。

②用干净的毛巾擦拭室内出风口,直到干净为止。

③打开室内回风口面板上的角撑板。

④打开室内回风口面板,然后用毛巾擦拭干净。

二、风机盘管的清洗

集中式空调风机盘管表冷器,需用专用空调清洗剂进行清洗、除垢、杀菌,保持通风畅顺。具体步骤如下:

①清扫盘管风机叶轮、蜗壳、马达的积尘,给电机转轴加油。

②除去接水盘的污泥、杂物,并清洗干净,保持水流畅通。

③进出风栅的清洁卫生;检查水管连接是否牢固、保温是否良好、阀门是否漏水等。

④采用对铝翅片无腐蚀,但能清除灰尘、污垢的 SDP-01 翅片水,用高压清

洗机将翅片水喷于铝翅片上，让其作用 5 min，然后用清洗机冲洗翅片。

⑤铝翅片清洗干净（可见翅片内 2～3 排小铜管）后，正确安装风机盘管前面的风机马达及叶轮，使之完全复原。

三、过滤器的清洗

①打开吸入格栅，握住两处按钮，同时慢慢地往下拉。

②拖住空气过滤器上的钩子向斜下方拉出，取出过滤器。

③清洗方法：用真空吸尘器除去灰尘，或者用清水或温水清洗。尘土过多时，用软毛刷子加中性洗涤剂，洗干净后把水甩掉，然后放在阴凉处晾干。勿用 50 ℃以上的热水清洗，以免掉色或变形；勿在火上烤干，以免过滤器着火。

④空气过滤器在清洗之后务必装上。将空气过滤器挂在吸入格栅上部的突起部分上，然后固定于吸入格栅上；将吸入格栅背面的凸柄向内滑动，将空气过滤器安装于吸入格栅。

⑤关闭吸入格栅，与第 1 步相反，按控制盘上的过滤器信号复位键，中央空调清洗的提醒标志将消失。如果使用环境灰尘过多，空气过滤器应清洗的频率约为每半年 1 次。

四、表冷、加热、加湿器表面、冷凝水盘等附属设备的清洗

表冷、加热、加湿器等附属设备的清洗不但能提高空气品质，而且还有极强的节能效果。常用的清洗方法为采用气喷式清洗剂，再用高压水或空气进行吹扫，使污浊物迅速溶解并被吹扫掉，然后再用低压水冲洗干净。

附着在表冷器外表面的污染物含有溶血性链球菌等致病微生物，翅片清洗后大部分流入冷凝水盘，长时间积存会造成冷凝水盘的二次污染且伴随异味，清洗冷凝水盘常用的方法是在冷凝水盘上喷洒清洗剂，然后用清洁的水冲洗干净。

第三节　集中式空调风系统微生物气溶胶污染的防治

一、风系统对室内微生物气溶胶的影响

风系统对室内微生物气溶胶的影响可以归结为新风口位置、过滤器及通风管道的影响。

1. 新风口位置的影响

集中式空调风系统的新风口可以设在室内或者室外，根据《公共场所集中空调通风系统卫生规范》(WS 394—2012)，室内新风口底部与地面的距离应高于2 m；室外新风口需设置在常年主导风向的上风侧。集中式空调风系统新风口位置如果设计安装不规范，易导致室内空气污染。室内与室外的新风口对集中式空调风系统送风口处空气中的细菌和真菌浓度有显著影响。适当选择新风口的位置，可有助于保证室内空气质量。

2. 过滤器的影响

集中式空调风系统用粗效过滤器处理室外空气得到室内环境需要的新风时，由于粗效过滤器的效率不高，无法完全去除室外空气中的微生物污染。用高效过滤器时基本可以去除空气中的微生物，但需对过滤器进行定期消杀灭菌，保障健康的室内环境。

3. 通风管道的影响

通风管道可以使用很长时间，加上管道的表面积巨大(约占室内面积的10%)，微生物在管道内的行为对室内空气质量有着重要影响。一方面，通风管道可以看作空气颗粒物的“采样器”，因为足够长的通风管道可以使微生物气溶胶沉降在其表面。另一方面，通风管道也可作为微生物进行繁殖的场所，沉降在管道上的细菌和真菌可利用沉降在管道上的其他颗粒物(尘土形式)为营养进行繁殖，而且管道内的风速、温度、管道长度、管道的材料和制作过程、管道表面上沉积的颗粒物(尘土)、相对湿度和过滤器的效率等因素均影响通风管道对微生物的作用(去除或者增加)。及时清扫通风管道或者结合物理化学方法消杀，可以减少微生物污染。

二、风系统微生物气溶胶防治

对风系统微生物气溶胶的防治可以从新风、过滤、化学药剂消毒和物理清洗四个方面综合解决。

1. 新风的防治策略

通风空调系统新风口应合理设置，新风口不应设置在排风口下风向或下方高度，而应与排风口保持一定距离，避免送风和排风气流短路。新风口距离室外地面高度不宜过低，应设置在无污染空气区域。可在新风口加设初、中效过滤装置和消杀灭菌装置。

2. 过滤的防治策略

对于一般居住建筑和商业建筑，系统设置的过滤装置一般为初、中效过滤器，有的甚至只有过滤钢丝网等简单装置，难以实现有效过滤积尘和微生物。造成这种现象的原因：一方面是人们对微生物气溶胶污染对人体健康的危害认识不够深入，另一方面是设置高效过滤器会增加系统初投资。为提高安全性，可采用过滤器＋消杀灭菌装置的形式，保障健康的室内环境。

3. 化学药剂消毒的防治策略

采用化学药剂对通风空调风管内壁或空气处理机组部件进行擦拭。在送风口使用化学药剂熏蒸，通过送风带动蒸汽对风管或空气处理机组部件消毒。向冷冻水、冷凝水管道投放化学药剂，循环流动以消毒。化学药剂消毒方法的优点是可以快速杀菌消毒，化学药剂造价较低，消毒投入劳动力较少，因而可以减少系统维护费用。缺点是不能够有效去除风管内壁的积尘，无法从源头上破坏微生物繁殖的载体。并且，化学药剂消毒后，室内残留一部分药剂，挥发后形成VOCs，对人的呼吸系统、消化系统、神经系统、免疫系统会产生一定损伤。化学药剂在杀菌的同时也会促使细菌耐药性提高，导致日后再次使用化学药剂杀菌效果变差，某些化学药剂还会导致通风空调部件氧化锈蚀。

4. 物理清洗的防治策略

风管安装时预留检修口，便于人员进入风管清洗。对于风管较大尺寸的干管，可直接人工进入清洗。对于风管支管等小尺寸管道，可用机器人清洗。日本等国家已经有专业的通风空调清洗公司，行业规范化已经形成。我国通风空调清洗公司起步较晚，行业还不规范，清洗技术需要进一步提高。目前我国已经颁布的通风空调清洗规范有《公共场所集中空调通风系统清洗消毒规范》(WS/T 396—2012)《空调通风系统清洗规范》(GB 19210—2003)《通风空调系统清洗服务标准》(JG/T 400—2012)《集中空调通风系统清洗行业技术管理规范》(SB/T 10594—2011)《新冠肺炎疫情期间办公场所和公共场所空调通风系统运行管理卫生规范》(WS 696—2020)。

《空调通风系统清洗规范》(GB 19210—2003)适用于被尘埃和微生物污染的通风空调系统，规定了通风空调系统中风管的清洗方法、清洗过程监控、清洗后修复和更换清洗程度检查、清洗效果评价。清洗方法可采用真空吸尘法、高压冲洗、蒸汽清洗、机械搅拌等。国内外研究的微生物杀灭技术包括二氧化钛光催化、负离子净化、超声波处理、臭氧杀菌、微波辐射、脉冲白光、脉冲过滤光、脉冲电场、伽马射线辐射、电子束等。

参考文献

[1] 缪飞，栾安博，邱美坚. 中央空调冷却水系统中军团菌控制技术的研究进展[J]. 工业水处理，2019，39(09)：13-17.

[2] 武艳，荣嘉惠，Irvan Luhung. 空调通风系统对室内微生物气溶胶的影响[J]. 科学通报，2018，63(10)：920-930.

[3] 肖栋天，石发恩. 通风空调环境中微生物气溶胶污染及其防治[J]. 环境科学与技术，2017，40(08)：139-152.

[4] Lavoie J，Bahloul A，Clouttier Y. Cleaning initiation criteria for heating, ventilation and air-conditioning (HVAC) systems in non-industrial buildings[J]. ASHRAE transactions，2010，116(2)：476-485.

[5] Anas G，Aligbe D S，Suleiman G，et al. Studies on microorganisms associated with air-conditioned environments[J]. IOSR J Environ Sci Toxicol Food Technol，2016，10(7)：16-18.

[6] 孙敏华，刘智安，王玮，等. 高压静电技术处理电厂循环冷却水微生物的研究[J]. 节能技术，2010，28(3)：206-208.

[7] 张然，陈桂冰，邱亚群，等. 环境水中嗜肺军团菌分离培养与巢式 PCR 检测研究[J]. 实用预防医学，2015，22(1)：31-33.

[8] 王贝贝，吕阳. 低温等离子体对空调通风系统中细菌气溶胶的灭活研究. 第二届华人能源与人工环境国际学术会议. 2021，中国成都.

第五章

集中式空调水系统微生物污染防治

集中式空调水系统包括冷却水系统和冷冻水/热水系统(夏天循环冷冻水,冬天循环热水)。水系统将室内负荷全部由冷、热水机组来承担。各房间风机盘管通过管道与冷、热水机组相连,靠所提供的冷、热水来供冷和供热。水系统布置灵活,独立调节性好,舒适度非常高,能满足复杂房型分散使用、各个房间独立运行的需要。另外,目前新型的水系统空调也是地板采暖系统应用的最佳解决方案之一,通过与地板采暖的有效结合,采用中低水温大面积低温辐射采暖的方式,比传统的风机盘管采暖系统更加舒适、节能。

典型中央空调机组主要由冷冻水循环系统、冷却水循环系统及附属设备三部分组成。

冷冻水循环系统:该部分由冷冻泵、室内风机及冷冻水管道等组成。从主机蒸发器流出的冷冻水由冷冻泵加压送入冷冻水管道(出水),进入室内进行热交换,带走房间内的热量,最后回到主机蒸发器(回水)。室内风机用于将空气吹过冷冻水管道,降低空气温度,加速室内热交换。

冷却水循环系统:该部分由冷却泵、冷却水管道、冷却水塔等组成。冷冻水循环系统进行室内热交换的同时,必将带走室内大量的热能。该热能通过主机内的冷媒传递给冷却水,使冷却水温度升高。冷却泵将升温后的冷却水压入冷却水塔(出水),使之与大气进行热交换,降低温度后再送回主机冷凝器(回水)。

附属设备:主机部分由压缩机、蒸发器、冷凝器及冷媒(制冷剂)等组成,其工作循环过程如下:

首先,低压气态冷媒被压缩机加压进入冷凝器并逐渐冷凝成高压液体。在冷凝过程中，冷媒会释放出大量热能，这部分热能被冷凝器中的冷却水吸收并送到室外的冷却塔上，最终释放到大气中去。随后，冷凝器中的高压液态冷媒在流经蒸发器前的节流降压装置时，因为压力的突变而气化，形成气液混合物进入蒸发器。冷媒在蒸发器中不断汽化，同时会吸收冷冻水中的热量使冷冻水达到较低温度。最后，蒸发器中气化后的冷媒又变成了低压气体，重新进入压缩机，如此循环往复。

集中式空调水系统的清洗应从上述三方面展开进行，清洗包括去除水垢、去除污垢和除油等项目，对水系统进行日常清洗可以起到延缓设备腐蚀，阻止形成污垢与杀菌的功效。

第一节　集中式空调水系统的单设备清洗

集中式空调水系统的清洗能够达到节能的目的。在集中式空调的蒸发器和冷凝器传热过程中，污垢会直接影响传热效率和设备的正常运行，集中式空调水系统的清洗、消毒能够延长管线和设备的使用寿命，降低设备的折旧率。

集中式空调水系统的清洗可采用单设备清洗方式或全系统清洗方式。本节主要针对集中式空调冷却水循环系统、冷冻水循环系统和附属设备三部分单设备清洗方面进行介绍。

一、冷却水循环系统的单设备清洗

对于冷却水循环系统，其突出的问题是结垢问题。结垢是指在换热器表面附着一层不溶性盐或氧化物晶体的生长物，它的产生多半是由于循环冷伸缩倍数提高导致冷凝器热交换水温上升，使盐类在水中的溶解度受到影响所致。因此在化学清洗过程中，酸洗的比重较大。清洗步骤如下：

①人工清除塔盘上的灰尘、污泥、清洗集水槽、百叶窗上的杂物，洗完塔后，加投复合配方清洗剂，开泵循环 24 h，做全系统的杀菌灭藻处理，然后排污。排完后，开启冷却水过滤器，清除过滤器上的污物。

②打开冷凝器端盖，用水冲洗污泥和锈渣，如有地方发生锈蚀，进行防锈处理。

③冷凝器表清洗完毕，从冷却塔投加预膜配方药剂做膜处理。预膜是在清洗后用较大药剂量使在活化的金属本体上形成一层完整而致密的保护膜。预膜后可降低设备的腐蚀率。常温下预膜液循环 24 h 后即可迅速排水并补入新鲜水。预膜时，系统中水的 pH 严格控制在 5.5～6.5，不能超过 7.0。

④排放预膜液，将水排完，也可同时补充新水至一定浓度后，投加阻垢、分散、缓蚀复合配方药剂，正常开机运转，抽取水样分析化验，检查系统有无泄漏，补充调整药剂阶段。

二、冷冻水循环系统的清洗、消毒

冷冻水在封闭系统中循环，不具备产生水垢的条件，主要产生泥垢、锈垢，它是由腐蚀产生的含水氧化物以及外来物质（主要为黏泥、设备引入油膏等疏松、多空或胶凝状物）构成，常可看到大量的微生物源。化学清洗操作中，碱洗比重较大，以减少腐蚀金属的潜在危险。清洗步骤如下：

①人工清洗膨胀水箱，然后从水箱投加杀菌剥离剂，冷冻水泵循环 20～40 h，做全系统的杀菌灭藻剥离处理。清洗结束时，于最低点排放污水，将系统内的污物、锈渣排出。

②补入新水，待水清后，打开冷冻水过滤器，清除杂物。加满自来水，开泵循环 30～40 min，即刻放水，如此反复几次，直至排放的水澄清为止。

③从膨胀水箱投加缓蚀剂，开泵循环 30～60 min。正常情况下，该药物在一年内均有防锈缓蚀效果。

三、附属设备的清洗、消毒

1. 压缩机

可将压缩机清洗中需要清除的油分为可皂化和不可皂化两类。可皂化的油，如动物油、植物油，它们能与碱形成肥皂。不可皂化的油，如矿物油，与碱不起作用，不溶于水，但可溶于有机溶剂。

碱洗常用浓度为 10％的氢氧化钠溶液，加热到 70～90 ℃进行清洗，使可皂化的油溶于水，再用热水或冷水冲洗，即可去除油脂。

各种油脂都可用汽油、煤油、柴油、酒精或苯等有机溶剂清除。为了保持油液与零件的清洁，最好使用带栅篦的油槽，将零件放在篦子上刷洗，使油垢、杂质沉在槽底。零件洗净后，用棉布擦干。零件洗刷应有次序，先清洗主要零件，后清洗次要零件；先清洗较干净的，后清洗较脏的；先清洗光滑的，后清洗粗糙的。清洗时，零件不要搁叠在一起，以免碰伤。

在长期停用制冷系统时，首先要保证每两个星期启动压缩机工作 5 min。这样做的好处是：a. 将冷冻液输送到轴封上，防止轴封干枯，降低密封作用；b. 压缩机是精密部件，长时间不用，其精密的配合表面会产生“冷焊”现象；c. 压缩机长期不工作，冷冻液会产生化学变化，容易在配合表面形成蚀点，破坏零件的光洁度。其次，应检查压缩机皮带张力。如果空调系统中发现冷冻液泄漏，要及时修理，注加规定的冷冻液。压缩机要注意检查轴封以及压缩机与进排管的连接部位是否有泄漏。

2. 冷凝器

冷凝器极易结垢，应在夏季供冷期做日常水处理，否则在高硬度水质的环境下运行，循环水系统内溶于水的无机盐就会随着温度的升高而结晶析出，在冷凝器换热面管壁上形成水垢或被杂物和细菌尸体及排泄物堵塞，导致热交换效率降低。因此，一定要及时进行清洗。

冷凝器清洗分为物理清洗和化学清洗。物理清洗时，一般用水射流将冷凝器铜管的泥垢清理出来，但请勿使用高压水枪，否则容易损坏散热翅片，降低散热效果；如果结垢为硬质水垢，应进行化学清洗。为了使冷凝器在最优化状态下运行，必须对冷凝器进行专门的化学药物处理，其正确步骤如下：

①将冷却水进出冷凝器的阀门关紧，利用温度计管、压力表管或排污管连接防腐泵、配液箱，做成小循环系统，循环清洗。

②先加入酸洗缓蚀剂，此药剂为专用铜缓蚀剂，它附着在冷凝器金属内壁上，防止酸和金属发生反应。

③加入固体酸洗清洗剂，用于清洗主要成分为碳酸钙的水垢，清洗剂是复合固体有机酸，白色晶体，对金属无腐蚀性，为弱酸，清洗剂用量按设备结垢量而定。

④加入泥垢剥离剂（可选），如果冷凝器设备结垢较厚时，需要添加泥垢剥离剂，促进水垢反应后的生成物快速溶于水，加快深层水垢反应。

⑤加入中和钝化剂，在冷凝器进行化学清洗后，中和残酸，防止金属表面氧化而生成二次浮锈。

3. 蒸发器

蒸发器同冷凝器一样都是换热器，要保持通风口清洁、排水道通畅、鼓风机运转正常等。蒸发器的清洗步骤具体如下：

①拆除静压箱前部用箔纸包裹的绝缘层。如果绝缘层被用胶带固定，那么拆除胶带时要仔细。绝缘层后面是检修面板，由螺钉固定，拧掉螺钉，取下检修面板。

②用硬毛刷清洗蒸发器的整个内侧。用手持式镜子，可以看到工作效果。如果不能将所有表面都接触到，可以将蒸发器稍微向外移动一点儿。即使蒸发器与刚性管连在一起，仍可以将它稍稍向外拉出，但小心不要将管道弄弯。

③清洁蒸发器单元下方的托盘。运走蒸发器的冷凝物，将合适剂量的家用漂白剂倒入托盘的残液放出孔，以防真菌生长。在非常潮湿的天气里，每隔一天

检查一次冷凝物排水管和托盘。如果托盘中有过多水分，表明从托盘通向排水管的残液放出孔被堵塞了，可以用一根铁丝疏通残液放出孔。

第二节　集中式空调水系统的全系统清洗

上节主要介绍了集中式空调水系统的单设备的清洗方式，本节主要介绍集中式水系统的全系统清洗方式。全系统清洗方式一般可使用清洗槽或清洗泵将原系统构成一个闭合回路进行循环清洗。

清洗过程一般按照下列程序：水冲洗（检漏）→杀菌灭藻清洗→碱洗→碱洗后的水冲洗→酸洗→酸洗后的水冲洗→漂洗→中和钝化（或预膜）。

1. 水冲洗（检漏）

双规冲洗的目的是使用大流量的水尽可能地冲洗掉系统中的灰尘、泥沙、藻类及腐蚀的产物等一些疏松的污垢，检查临时系统的泄漏情况。

冲洗时，水的流速以大于 0.15 m/s 为宜，必要时可做正反向切换。冲洗合格后，排尽系统内的冲洗水。必要时注入 60～70 ℃的热水，用手触摸系统中有无死角、气阻、短路等现象。

2. 杀菌灭藻清洗

杀菌灭藻清洗的目的是杀死系统内的微生物，并使设备表面附着的生物黏泥剥离脱落。排尽冲洗水后注水充满系统并循环，加入适当的杀菌剂循环清洗。当系统内的浊物趋于平衡时即可结束清洗。

杀菌灭藻清洗应选择杀菌效果好并且有较好生物黏泥剥离能力的杀菌剂。比如选择次氯酸钠和新洁尔灭，它们之间具有良好的协同效应，用药量按系统饱水量（每吨）计 10～15 mg/L 的使用量后其灭藻率达 100%，并且对生物黏泥的剥离效果也很好。

杀菌灭藻清洗一般时间比较长。在清洗过程中可每隔 3～4 h 测定一次冷却水的浊度。当浊度曲线趋于平缓时，即可结束清洗。

在杀菌灭藻后，若冷却水比较浑浊，可以通过在冷却塔底部补加水、从排污口排放冷却水的方式来稀释冷却水。

3. 碱洗

碱洗的目的是除去系统内的油污，以保证酸洗均匀（一般当系统内有油污时才需要碱洗，新建设备一般都需要该操作）。注水充满系统并用泵循环加热，加入各种碱洗药剂，维持一定温度循环清洗。当系统中碱洗液的碱度曲线、含油量曲线基本趋于平缓时，即可结束碱洗。在碱洗过程中，应定时检测碱洗液的碱度、含油量、温度等。

4. 碱洗后的水冲洗

碱洗后的水冲洗是为了除去系统中残留的碱洗液，并带走部分杂质。碱洗液排出后，注入温水冲洗，当 pH 曲线趋于平缓、浊度达到一定要求时，水冲洗即可结束。在冲洗过程中，需测试排出口冲洗液的 pH 和浊度。

5. 酸洗

酸洗的目的是利用酸洗液与水垢和金属氧化物进行化学反应，生成可溶性物质，而将其除去。为抑制和减缓酸洗液对金属的腐蚀，在酸洗液中需加入适当的缓蚀剂，待缓蚀剂在冷却水系统中循环均匀后就可加入酸洗剂。如选择硫酸或氨基磺酸作酸洗剂，采用滴加法向冷却塔水池内加入酸洗剂，使冷却水的 pH 缓慢下降并维持在 2.5～3.5。每 30 min 测定一次 pH，随时调整酸洗剂的滴加量。在酸洗过程中，应经常测定冷却水中的 Cu^{2+}、Fe^{3+}、Fe^{2+} 等的浓度。一般在清洗开始阶段，每 4 h 测定一次。在清洗中后期每 2 h 测定一次。以总铁曲线趋于平缓点作为酸洗终点。浊度曲线可作为判断终点的辅助手段。这种酸洗方式需要频繁监测 pH，所以操作麻烦，但酸洗剂的浪费很少。在酸洗剂加入过程中，也可一次性将适量的酸洗剂加入系统中，以起始 pH 为 3.0 左右进行清洗。以总铁曲线和 pH 曲线趋于平缓点作为清洗终点。这种方式终点明显，操作简单。

在酸洗过程中，还可加入一些表面活性剂来促进酸洗效果。在循环水系统中沉淀物可分为几层，如最上层为生物黏泥层，然后是水垢层，最下层为腐蚀产物沉积层。但在有些系统中，在水垢层中还会有生物黏泥层。对于这类沉积物的酸洗，在酸洗液中应加入适量的黏泥剥离剂除去生物黏泥层，使得反应得以继续进行。

酸洗后应向冷却水系统中补加新鲜水，同时从排污口排放酸洗液，以降低冷却水系统中的浊度和铁离子的浓度，同时加入少量的碳酸钠中和残余的酸，为下一步的中和钝化(或预膜)打好基础。

6. 酸洗后的水冲洗

酸洗后的水冲洗是为了除去残留的酸洗液和水中的固体颗粒，以便漂洗和钝化处理(或预膜)。将酸洗液排出，并用大量的水对全系统进行开路清洗，不断轮换开启系统，以使沉淀在管内的杂物、残液排出。冲洗过程中应每隔 10 min 测定一次排出的冲洗液的 pH，当接近中性时停止冲洗。

7. 漂洗

漂洗的目的是利用低浓度酸洗液清洗在冲洗过程中系统内在水形成的浮锈，使系统总铁离子浓度降低，以保证钝化效果。漂洗实际上是一个低浓度酸洗过程。漂洗的过程也应测试漂洗液的浓度、金属离子的浓度、温度和 pH 等。当总铁离子浓度曲线趋于平缓时，便可结束漂洗。

8. 中和钝化（或预膜）

①钝化

在金属表面上形成能够抑制金属溶解过程的导体膜，而这层膜本身在介质中的溶解度又很小，以致它能使金属的阳极溶解速度保持在很小的数值上，称这层表面膜为钝化膜。在金属表面上形成完整钝化膜的过程，叫钝化或钝化过程。

金属设备管道经过酸洗后，其金属表面处于十分活泼的状态，它很容易重新与氧结合而被氧化反锈。因此，若设备或管道在清洗后暂时不使用，则需要进行钝化处理，然后加以封存。

②预膜

当空调清洗后马上投运时，漂洗后可直接进入预膜而不必钝化。预膜的目的是让清洗后尤其是酸洗后处于活化状态下的新鲜金属表面上，或被保护前受到重大损伤的金属表面上，在投入正常运行之前预先生成一层完整而耐蚀的保护膜。补加水使漂洗液中铁离子的浓度低于 500 mg/L 并加中和药剂使 pH 趋于中性，然后迅速加入预膜药剂进行预膜。在化学清洗过程中，各阶段排放的化学清洗液必须经过处理达标后才可排放。

为避免清洗循环系统出现短路情况，应根据不同部位的工艺性质分别单独开启或关闭，以保证集中式空调系统的任何部分都能得到充分的清洗，避免遗留死角。

第三节　集中式空调水系统军团菌污染防治

集中式空调水系统微生物污染中军团菌的污染尤为严重。空调水系统是军团菌的一个特殊生存环境，在空调系统运行时其所形成的含菌气溶胶被人吸入后将会患病，空调冷气形成的汽雾也是重要的感染方式与途径。

一、利于军团菌生长的因素

军团菌在温度适宜（理想温度是 25～42 ℃）、含氧量较大和养分充足的环境中容易生长繁殖。在集中式空调冷却水体中，水温基本都在30～35 ℃，无机离子和有机营养物质的浓度很高，利于军团菌的滋生与繁殖。而且这些水体中经常产生沉淀、生物膜（生物黏泥）和过多的有机物，进而产生藻类、细菌及原虫，由这些构成的共生关系为军团菌提供了养料。

冷却塔的阳光与水既是产生藻类的必要条件，又可为藻类进行光合作用生产有机物，提供用之不完的能源和基础材料；有机物可为阿米巴等原生动物、军团菌和其他细菌提供食源；细菌既是有机物的消费者，又是阿米巴等原生动物和军团菌所需营养的生产者；阿米巴等原生动物虽处于较高生态位，是有机物、细菌的消费者，但又可以为军团菌的大量生长繁殖捕捉、聚集其所需的各种营养，是军团菌所需营养的提供者。集中式空调冷却水系统中易产生军团菌的部位包括冷却塔的塔池、填料、喷头、收水器、风扇、系统管线死角、吸水井等。

二、水系统军团菌污染的防治

1.化学杀菌

化学杀菌剂主要有氧化性和非氧化性两大类。

在使用的氧化性杀菌剂中，卤素及其化合物制剂占有较高的比例，其中尤以含氯制剂最多，包括氯气（Cl_2）、二氧化氯（ClO_2）、氯胺（NH_2Cl）、次氯酸盐[NaClO、$Ca(ClO)_2$等]、氯代异氰酸酯等。除了含卤制剂外，臭氧（O_3）、过氧化氢（H_2O_2）等氧化性杀菌剂对军团菌也能起到有效的杀灭作用。某些非氧化性杀菌剂，如DBNPA、异噻唑啉酮、戊二醛和季铵盐对军团菌的杀灭效果较好。化学杀菌剂有腐蚀管道及污染环境的弊病。非氧化性杀菌剂不如氧化性杀菌剂的效果好，在中央空调冷却水系统中商业化应用得较多的是含氯、溴的氧化性杀菌剂，有些系统采用的是含氯、溴氧化性杀菌剂和非氧化性杀菌剂交替使用的方案，非氧化性杀生剂采用长时间、低浓度的投加；氧化性杀生剂采用间断和冲击式投加的方法控制水体军团菌的生长。

2.物理杀菌

物理杀菌主要包括加热控制法、铜/银离子法、紫外（UV）法、电脉冲或超声波法等。

加热控制法依靠的是高温杀菌，只要将水温保持在50 ℃以上，军团菌就不可能发展，而且在数小时内就会被完全消灭。电脉冲或超声波法所具有的杀菌效力主要是由其产生的空化作用所产生的。在物理杀菌控制技术中，加热控制法主要应用于热水系统，而其他控制技术大都还处于试验阶段，实际应用于集中式空调冷却水系统的并不多，主要因为这些技术存在一定的缺点，如铜/银离子法的使用成本太高；紫外法只能对流经紫外灯附近小范围内的水起杀菌作用；超声波法的处理量有限，而且无法有效控制军团菌的再生。

3. 物理化学杀菌

物理化学杀菌主要包括光催化法、微电解法、电化学控制法等。

光催化过程具有强氧化性，对大多数细菌都有很强的杀伤力，使用光催化氧化可使军团菌菌株失活，低压高频电解水可以有效杀灭中央空调冷却循环水中嗜肺军团菌，电化学装置可以有效控制热水供应系统内的军团菌，其杀菌主导机制为：电极表面的电子转移→生成活性杀菌物质→杀菌物质对微生物灭活。

参考文献

[1] 赵亚伟.空调水系统的优化分析与案例剖析[M].中国建筑工业出版社，2015.

[2] 张林华，曲云霞.中央空调维护保养实用技术[M].中国建筑工业出版社，2003.

[3] 许丹丹.中央空调冷却水系统微生物腐蚀研究[D].武汉：华中科技大学，2011.

[4] 薛福连.中央空调制冷机的化学清洗[J].洁净与空调技术，2020(3)：115-116.

[5] Tejero-González A，Franco-Salas A. Direct evaporative cooling from wetted surfaces：Challenges for a clean air conditioning solution[J]. Wiley Interdisciplinary Reviews：Energy and Environment，2021：e423.

[6] 陆燕勤，李艳红，王洪涛.空调系统冷却水管道清洗研究[J].清洗世界，2005，21(9)：1-3.

[7] 卫磊.中央空调保养与清洗技术研究[J].清洗世界,2019,35(11):17-18.

[8] 唐正刚.中央空调主机化学清洗工艺分析[J].中国设备工程,2019(20):125-126.

[9] 苏钢.中央空调循环冷却水系统清洗预膜处理方案[J].洁净与空调技术,2015(2):92-9.

第六章 集中式空调系统清洗、消毒及设备日常维护

第一节　集中式空调系统清洗设备

集中式空调系统的清洗设备较多，清洗机器人在集中式空调维护工作中的重要地位逐步显现，目前常用的清洗设备主要为风管清洗机器人及手持旋转气锤、软轴刷等。

一、集中式空调系统风管清洗设备

1. 风管清洗机器人

机器人清洗是指在移动机器人上安装清洗结构进行清洗工作，系统组成主要包括移动本体、清洗机构、控制系统和监视系统。风管机器人清洗技术如图 6-1 所示。

①移动本体

移动本体是执行集中式空调通风系统清洗任务的移动载体，是其他部件的搭载平台，是清洗机器人系统的核心部分，其设计的好坏是评价整个机器人系统性能优劣的重要指标。

②清洗机构

清洗机构是清洗机器人实施清洗作业的具体执行机构，它主要包括清洗臂、清洗臂升降机构和清洗刷系统三部分。清洗臂及其升降机构决定了清洗机器人

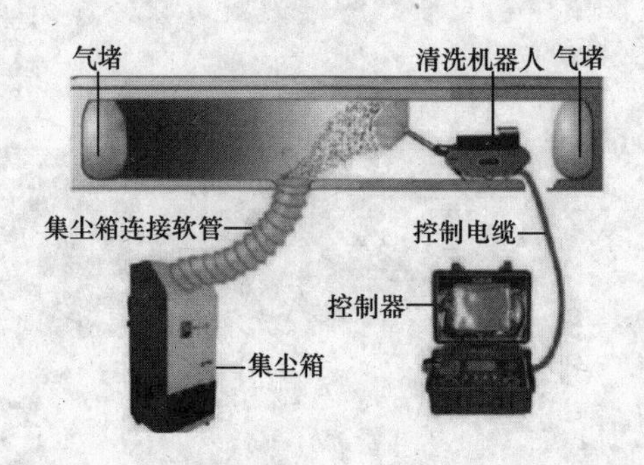

图 6-1 风管机器人清洗技术

对风管尺寸的适应能力，清洗刷系统则决定风管清洗的效率和质量。

③控制系统

控制系统由机器人内部的控制模块、外面的控制箱和相互连接的控制电缆以及机器人上的执行电动机组成。操作员通过控制箱发出信号，控制信号通过电缆传入控制模块命令执行电动机产生相应的响应，从而控制机器人前进、后退和左右转弯，同时控制清洗臂的升降和清洗刷系统的工作。

④监视系统

监视系统主要由机器人上的摄像头和控制箱上的显示器组成。显示器是人机交流的窗口，通过机器人上的摄像头，给操作人员提供清洗机器人在风管内工作情况，从而使操作人员更好地操作机器人。

2. 手持旋转气锤

手持旋转气锤是针对各种超小型、异形管道和垂直管道而研发的，可以进行清扫的设备，如图 6-2 所示。经过不断改良，它能够进一步提高清洗的效率，降低人工操作次数，有效地降低了经济成本。而且由于设备占地小、噪声低，极大地降低了对被施工单位的环境影响。它主要用于风管支管的清洗和垂直风管的清洗。

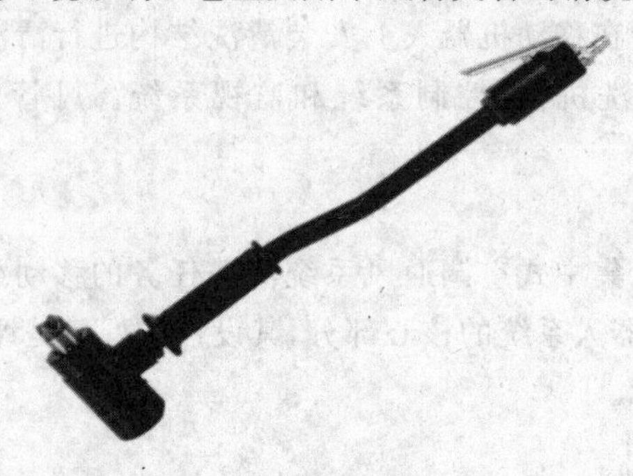

图 6-2 手持旋转气锤

3. 软轴刷

软轴刷是清洗圆形或矩形管道的理想工具，它特有的软轴能够沿管壁推进，针对大小不同的管道均可选用合适的刷头。其电动机采用变频控制，能在 0～360 r/min 间任意调节，可正/反旋转，脚踏控制，是清洗中小型管道的高效快捷工具。软轴刷主要用于截面为 100～500 mm^2 的方形和圆形风管的清洗。如图 6-3 所示。

图 6-3　软轴刷

4. 空气负压机

空气负压机是使清洗管段内产生负压的引风、过滤装置，如图 6-4 所示。该设备设计紧凑，移动方便，滚轮带有自锁装置，侧面板装有真空表和开关按钮。吸、排风口管径为 300 mm，负压机通过伸缩软管和连接器与管道相连，风机前装有中效和高效两级过滤器，过滤效率高达 99.97%。它主要用于空调风系统清洗时风管内污垢的收集和过滤。

图 6-4　空气负压机

二、集中式空调系统风管道清洗规范

1. 检查该款设备的配置种类是否达到 2012 年 9 月 19 日颁布的《公共场所集中空调通风系统清洗消毒规范》(WS/T 396—2012)附录 M 中规定的六大种类。

2.检查设备各项技术指标是否达到2011年11月1日颁布的《集中空调通风系统清洗行业技术管理规范》(SB/T 10594—2011)的技术标准。

3.检查设备的安全性、技术先进性、使用便捷性、清洗效率、质量、维修成本及设备运输成本。

4.国家标准规定的技术指标简述如下：

①要求粉尘捕集装置风量高于4 500 m^3/h，过滤效率高于99.5%，过滤装置等级在三级以上，工作电压为220 V，噪声低于85 dB，漏电保护器、压差报警器齐全等。

②清洗风管作业全程要有录像监视控制装置，不允许盲扫，要能将风管内部状况清晰地记录为影像资料并存档备案。

③检测机器人摄像头应能水平方向旋转360°，俯仰方向旋转180°，灯光随动，爬行坡度不小于40°，越过障碍的高度不小于40 mm等。

④清洗机器人的清洗距离单方向不低于20 m，清扫毛刷扭矩不小于3 N·m，能够对风管内部平面的凹凸、缝隙等处进行有效清洗工作等。

⑤风管手持清洗装置必须能够到达风管90°夹角处，应能完成高度为80～600 mm的圆形、正方形、矩形风管(宽度不限)以及垂直风管的清洗工作。

⑥中央空调风管消毒装置和消毒剂标准按原卫生部颁布的《消毒技术规范》执行。

⑦部件清洗装置要能有效清洗过滤网及风机盘管等处。

5.仔细分析对比种类繁多的进口空调清洗设备：供电电压有380 V和220 V两种，机型有小巧灵便和体积庞大笨重的区别，清洗方式有：

①电动机驱动软轴带动毛刷清洗。

②压缩空气通过输气管驱动气锤、气刀、气鞭，进行振动、切割、抽打、吹扫清洗。

有一些形状和内部结构复杂(内置风阀、防火阀、消声器等)、管径较大的风管、空气处理机组内部还须由工人手持吸尘扒头、电动毛刷、气鞭等清洗工具进入管道人工清洗，并且占工程总量80%～90%的风管是由工人在风管外部用手持清洗装置完成的。气动清洗装置本身不具备携带摄像机和电缆的能力，属于盲扫，在清洗质量无法保证的同时，也存在一定的安全隐患，因此不被卫生监管部门推荐使用。采用电动软轴机驱动毛刷进行清洗是业内公认最合适的手段，然而清扫软轴制造长度低于15 m，与制造长度30 m的软轴相比，破拆清洗洞口和封闭清洗洞口的工作量及材料消耗将会增加一倍，工作效率也相差一倍以上。

由于8.5 m长的龙卷风系统的有效清洗长度仅约为5 m，且其直径为80 mm的金属吸尘浪管及多芯缠绕式软轴的自重较大，直径大的毛刷所提供的支撑力不能使吸尘浪管处于风管的中心位置，因此该类设备清洗风管的高度仅为250 mm，极大限制了它的作业能力。另外，判断手持清洗设备性能的一个十分重要的条件就是其软轴是否具有优良的正反转变换功能，该项能力是保证将超扁平矩形风管清洗到位的必要功能。并非所有传动软轴都具有此项功能，多芯缠绕形式的软轴就由加工制造时的缠绕方向来决定其旋转方向，应严格禁止反向旋转。面对处于末端的弹簧状软管，大多数设备供应商都无法提供专门的清洗设备，但是最新国家文件规定，末端软风管要进行无损清洗，不允许有遗漏。因此，采购一款能清洗弹簧状软管，小口径内保温管道的专用设备也是必需的。

第二节　针对微生物的杀菌试剂

常用消毒剂的施药方法分为普通喷雾消毒法、气溶胶喷雾消毒法、擦拭消毒法、浸泡消毒法、气体熏蒸消毒法等。常用的物理消毒方法有紫外线、过滤、高静压电、激光、射线、光触媒等。

根据化学消毒剂的成分和性质，可将化学消毒剂分为醛类、卤素类、过氧化物类、醇类、酚类、季铵盐和其他类消毒剂。其中最常用的过氧化物为过氧乙酸。对过氧乙酸的介绍具体如下：

特性：过氧乙酸又叫过醋酸，分子式为$C_2H_4O_3$，相对分子质量为76.05，为无色透明弱酸性液体，易挥发，有很强的挥发性气味，腐蚀性强，有漂白作用，性质不稳定。可杀灭细菌繁殖体、真菌、分枝杆菌、细菌芽孢。具有广谱、高效、低毒、稳定性差等特点。对金属及织物有腐蚀性，受有机物影响大，其浓度通常为16%～20%。

使用范围：适用于耐腐蚀品灭菌、环境及空气等的消毒。

消毒液的配制：过氧乙酸一般为二元包装，A液为冰醋酸和硫酸的混合液，B液为过氧化氢，使用前按产品使用说明书要求将A、B两液混合后产生过氧乙酸，在室温放置24～48 h后即可使用。

消毒处理方法：常用消毒方法为熏蒸、喷雾、浸泡、擦拭、喷洒等。

使用过氧乙酸的注意事项如下：

①过氧乙酸不稳定，应储存于通风阴凉处，用前应测定其有效含量。

②稀释液在临用前配制。

③配制溶液时，忌与碱或有机物相混合。

④过氧乙酸对金属有腐蚀性，对织物有漂白作用。金属制品与织物经浸泡消毒后，应及时用清水冲洗干净。

⑤使用浓溶液时，谨防溶液溅入眼内或皮肤上，一旦溅上，应及时用清水冲洗。

⑥对被血液、脓液等污染的物品消毒时，需适当延长作用时间。

第三节　集中式空调系统设备的日常维护

集中式空调通风系统的运行维护对控制建筑室内空气微生物污染至关重要，通过空调通风系统的运行维护控制微生物污染是改善室内空气质量的有效途径之一。

一、材料的修复与更换

1.清洗后当材料部件的表面明显出现尘粒或气味，并对进入通风系统的空气质量产生不良影响时，应对材料进行修复。

2.隔热隔音玻璃纤维衬套和其他明显老化（如出现剥离、磨损、破碎和撕裂等）的隔热隔音衬套区在清洗合格后可用相应的修补材料修复。对不可修复的材料应进行更换。

3.由于清洗作业需要移开外部绝缘或防结露材料，因此应在清洗工作结束后和空调系统重新运行前对这些部位进行修复，使其恢复有效功能。

4.应及时记录原有的损伤或清洗过程中发现的老化以及需修理的通风系统部件，并呈交给被清洗的建筑物业主或其代表。

二、空调系统的维护目标

1.保护设备，延长使用寿命：除锈防锈，避免设备腐蚀损坏。

2.减少事故发生，改善制冷效果：杀菌灭藻、去除污泥，使管道畅通、水质清澈，同时防垢，提高冷凝器、蒸发器的热交换率，从而避免高压运行、超压停机现象的发生，提高冷冻水的流量，改善制冷效果，使系统安全高效运行。

3.节约水电并节约燃料：除去水垢和阻止水垢的形成，提高热交换效率，从而减少20%的电能和燃料消耗，并且水处理减少排污，从而提高循环水的利用率，一般可节约60%以上的用水。

4.为用户节约大量维修费：解决管道堵塞、结垢、腐蚀等问题，减少维修费用，又可延长设备使用寿命，为业主减少几十万元甚至几百万元的损失。

5.符合国家环保要求：未经处理的循环水不能直接向外排放，必须另行安置水处理设备，经处理后方可排放。这样既为业主节约费用，又保护生态环境。

6.有利身体健康：经过清洗后的中央空调，能将军团菌彻底杀灭，风机盘管口能够送出品质优质的冷、暖气。

三、空调系统的维护措施

1.各地区各城市的环保局出台相应政府文件，明确各企业高管有义务关注并尽力保持本企业空调系统内微生物及各项指标满足国家卫生局颁布的相关文件，并明文规定根据具体情况定期对大、中、小企业进行普查或抽查，对卫生不过关的企业进行行政处罚并处以罚金。

2.政府和当地工商局给予以清理和维护各企业集中式空调系统为经营项目的企业一定的支持和补贴，鼓励此类企业的经营，以增加经营数量。

3.政府环保局出面聘请高校教师编著专门用于指导空调清理及日常维护的指导手册，最好图文并茂，用于对员工的培训。如果使每一个企业中各层次的员工均掌握关于空调拆卸和清理的基础技能，城市众多企业的集中式空调系统的卫生情况将得到极大的改善，同时广大员工的个人健康水平也会有很大的提升。

参考文献

[1]　张学发.中央空调清洗技术[M].化学工业出版社，2008.

[2]　张林华，曲云霞.空调系统运行管理技术[M].中国建筑工业出版社，2016.

[3]　中华人民共和国住房和城乡建设部.中央空调在线物理清洗设备[S].JG/T 361—2012.

[4]　中华人民共和国商务部.空调设备换热器翅片表面污垢专业清洗服务规范[S].SB/T 10738—2012.

[5] Aureliano F S, Costa A A F, de Oliveira Lopes A. Cleaning and Inspection of Air Conditioning Ducts with Rover Explorer Robot[J]. Procedia Manufacturing, 2018, 17: 350-356.

[6] 王昊.关于集中空调风系统清洗的思考[J].暖通空调,2013(11):84-86.

[7] 童建平,隋成华,余文,等.通风与空调系统中风管系统清洗设备的设计[J].机电工程,2010,27(07):33-35+84.

[8] 姜兵.空调通风系统清洗设备及清洗工艺[J].供热制冷,2007(5X):29-31.

[9] 朱正.空调系统末端设备的清洗[J].黑龙江科技信息,2012(11):35-35+182.

第七章

疫情期间集中式空调系统微生物污染防控

从 COVID-19 疫情暴发以来，集中式空调系统也成为社会关注的焦点之一，尤其是 2020 年 2 月 18 日国家卫生健康委员会发布的《新型冠状病毒性肺炎诊疗方案（试行第六版）》指出：新型冠状病毒除了“经呼吸道飞沫和密切接触传播是主要的传播途径”外，“在相对封闭的环境中长时间暴露于高浓度气溶胶情况下存在经气溶胶传播的可能”。各级政府相关部门等相继出台了系列应对 COVID-19 疫情的集中式空调通风系统设计、运行管理规范、标准、导则和通知。

第一节　新型冠状病毒性肺炎疫情与集中式空调系统

一、新型冠状病毒的传播途径

对于新型冠状病毒传播途径与冠状病毒，人类的认识逐步加深，国家卫生健康委员会的诊疗方案第六版增加了经气溶胶传播的可能。关于新型冠状病毒的传播途径，相关见解如下：

1. WHO：WHO 的官方见解一直是“接触、近距离飞沫及细飞沫传播是主要路径”，对超越近距离范围的病毒气溶胶传播的说法持慎重态度。

2. 美国 ASHRAE：ASHRAE 2020 年 4 月发表的见解认为，基于目前文献的查阅并未得到关于空调系统会增加病毒传播的实证。相反，带有过滤装置的空调通风系统有利于增加通风换气，从而降低病毒传播风险，因此不支持所谓“空调通风增加感染风险”的观点，并认为带回风的空调系统可以正常运行。

3.欧洲空调通风学会(REHVA):REHVA发布的最新见解也表明在正常的空调通风运行下不存在增加病毒传播的风险,建筑的集中式空调系统可以使用。但出于安全原则,建议关闭空调回风。

4.日本空调卫生工学会(SHASE):认同日本劳动卫生省官方见解,该见解与WHO一致,且日本提出的规避"三密"防控思想与WHO最新见解契合。"三密"指"密切接触、密集人群、密闭空间",这是防疫重点防控场景,其中"密闭空间"与WHO见解中关于带病毒气溶胶仅在通风不良的封闭空间存在传播风险观点一致。SHASE于2020年9月发布了对COVID-19的空调卫生系统应对指南。

二、新型冠状病毒性肺炎疫情空调通风系统的管理情况

2020年2月12日,国务院应对新型冠状病毒性肺炎疫情联防联控机制综合组,为指导办公场所和公共场所安全合理使用空调通风系统,阻止疫情蔓延和扩散,印发了《新冠肺炎流行期间办公场所和公共场所空调通风系统运行管理指南》(肺炎机制综发〔2020〕50号),要求各省、自治区、直辖市及新疆生产建设兵团应对新型冠状病毒性肺炎疫情联防联控机制(领导小组、指挥部)参照执行。

2020年5月21日,国务院应对新冠肺炎疫情联防联控机制综合组根据常态化疫情防控形势和复工复产复学需要,为科学指导公众使用空调,对《新冠肺炎流行期间办公场所和公共场所空调通风系统运行管理指南》进行了修订调整,形成了《夏季空调运行管理与使用指引(修订版)》(联防联控机制综发〔2020〕174号)。

为了做好疫情防控期间空调通风系统的运行管理及卫生防护工作,我国自2019年12月以来相继发布了一系列文件,如表7-1所示。这些指南文件的发布,有利于规范办公场所和公共场所空调通风系统运行管理,降低病毒通过通风管道进入空调系统的风险。

表7-1　我国发布的有关新型冠状病毒性肺炎疫情空调通风系统管理文件及主要内容

文件名称	主要内容
《新冠肺炎疫情期间办公场所和公共场所空调通风系统运行管理卫生规范》	空调通风系统的卫生质量要求、运行管理要求、日常检查与卫生监测等
《新冠肺炎流行期间办公场所和公共场所空调通风系统运行管理指南》	空调通风系统的运行管理要求
《夏季空调运行管理与使用指引(修订版)》	夏季办公场所、公共场所和住宅等集中空调通风系统和分体式空调的运行管理和使用要求
《综合医院"平疫结合"可转换病区建筑技术导则》第六章	对供暖通风与空气调节进行了具体规定
《低风险地区夏季重点地区重点单位重点场所新冠肺炎疫情常态化防控相关防护指南》	规范空调运行管理和使用
《医疗卫生机构检验实验室建筑技术导则》第四章	对实验室通风与空气调节明确规定

（续表）

文件名称	主要内容
《公共场所新型冠状病毒感染的肺炎卫生防护指南》	房间通风换气及空调系统使用明确规定
《关于印发重点场所重点单位重点人群新冠肺炎疫情防控技术方案的通知》	对重点场所、重点人群空调通风系统运行管理明确规定
《发热门诊建筑装备技术导则》	对发热门诊空调系统运行管理明确规定
《公共交通工具消毒操作技术指南》	对飞机、高铁、地铁等空调系统的运行管理进行规定

第二节　新型冠状病毒性肺炎期间集中式空调系统卫生管理监督重点

一、新型冠状病毒性肺炎疫情防控期间集中式空调系统卫生管理重点

1. 启用前管理措施

①掌握集中式空调通风系统的类型、供风范围。按照《新型冠状病毒性肺炎流行期间集中空调通风系统运行防控指引》要求，在使用集中式空调通风系统前，空调通风系统运行管理部门应了解集中空调通风系统的类别、供风范围、新风取风口等情况。

②检查设备运转是否正常或者符合运行条件。检查设备运行情况、明确是否加装空气净化消毒装置并有效运行、是否有加湿装置并能独立停止加湿装置运行、是否能够集中控制以及是否掌握集中控制区域和方法。

③检查通风系统组件是否符合运行条件：

a. 是否能够采用全新风方式运行。

b. 新风取风口是否直接取自室外，新风口周边是否清洁、无污染源。

c. 新风口和排风口位置是否符合运行规范，新风口是否设置防护网和过滤器。

d. 送风口和回风口是否设置防虫媒装置，设备冷凝水管道是否设置水封。

e. 空气过滤器、表面式冷却器、加热器、加湿器、冷凝水盘是否清洗和消毒，空气过滤器是否已清洗或更换。

f. 开放式冷却塔的设置是否符合规范，是否进行清洗。

④落实卫生管理和卫生应急。集中式空调通风系统的管理责任人应建立集中式空调通风系统卫生档案、卫生管理制度和应急预案。

2. 运行期间管理措施

通过分析集中式空调通风系统的设置特点以及日常管理各个环节会出现的风险因素，确定新风口、空调机房、空调过滤净化设施设备等八项管理环节，列入表 7-2 中。

表 7-2　新型冠状病毒性肺炎疫情防控期间集中式空调通风系统卫生管理要点

管理环节	危险因素	风险来源	采取措施	实现目标
新风口	致病微生物、传播传染病的动物等；油烟排放、汽车尾气、粉尘等	新风口积尘、微生物滋生，靠近停车场、污染物排气口等	定期检查新风口及其周边卫生状况，发现污染源应及时清除	新风口保持清洁，周围应无有毒或危险性气体排放口，同时远离建筑物的排风口、开放式冷却塔和其他污染源，并设置防护网和过滤器
空调机房	粉尘	日常管理不善，堆放杂物	定期打扫机房	机房内清洁干燥、无杂物
空调过滤净化设施设备（过滤网、过滤器和净化器）	粉尘、致病微生物	未及时清洗消毒导致表面积尘、微生物滋生等	每月 1 次检查过滤净化设施设备，并按照要求开展清洗消毒或更换	每月 1 次检查过滤净化设施设备，并按照要求开展清洗消毒或更换
空调系统（空气处理机组、表冷器、加热（湿）器、冷凝水盘）	粉尘、致病微生物	未及时清洗消毒导致表面积尘、微生物滋生等	每周 1 次检查空调系统，并按照要求开展清洗消毒或更换；关闭加湿功能；下水管道、空气处理装置水封、卫生间地漏以及空调机组凝结水排水管等的 U 形管应当定时检查，缺水时及时补水	无漏水、腐蚀、积垢、积尘和霉斑，每年清洗不少于 1 次，设备冷凝管道设置水封
风管系统	粉尘、致病微生物	未及时清洗消毒导致表面积尘、微生物滋生等	定期检查风管系统，每年开展 1 次风管内卫生质量检测，发现有卫生指标超标应按照要求开展清洗消毒	保持完好无损，不得有凝结水产生，内部不得有垃圾、动物尸体及排泄物；风管内表面积尘量及积尘中细菌、真菌总数不得超过卫生标准
送、回、排风口防护设施	粉尘、致病微生物、传播传染病的动物	未及时清洗消毒导致表面积尘、微生物滋生等	定期检查送、回、排风口卫生状况，发现积尘、霉斑等应及时清除	送、回、排风口应设置防虫媒装置，风口及周边区域不得出现积尘、潮湿、霉斑或滴水现象，保持周边区域清洁
空调用消毒产品	不合格消毒剂中有害化学成分	采购使用的消毒剂无许可批文	购买或使用消毒剂时应查验消毒产品批文，发现不合格产品立即应更换	符合 WS/T 396—2012《公共场所集中空调通风系统清洗消毒规范》以及《指引》的要求
冷却塔	致病微生物	冷却塔未按照要求清洗消毒，冷却水中嗜肺军团菌滋生	运行期间应对开放式冷却塔的冷却水进行持续消毒，并按照集中空调通风系统卫生管理标准进行检测，冷却水中检出嗜肺军团菌等致病微生物，管理责任人应及时报告相关部门；每周 1 次检测开放式冷却塔消毒剂使用记录	开放式冷却塔设置远离人员聚集区域、建筑物新风取风口和自然通风口，远离高温和有毒有害气体，设置冷却水系统持续消毒装置；设置有效的除雾器和加注消毒剂的入口；内侧应平滑，排水口应设在塔池的底部；运行期间，每三个月至少进行 1 次卫生检测；初次启用或停用半年以上再次使用，需全面清洗消毒

3. 加强清洁消毒

《新型冠状病毒性肺炎流行期间集中空调通风系统运行防控指引》要求，在新冠肺炎疫情流行期间，应每周对运行的集中式空调通风系统的过滤器、风口、空气处理机组、表冷器、加热(湿)器、冷凝水盘等设备和部件进行清洗、消毒或更换。同时对各部件消毒方法也进行了详细说明，见表 7-3。

表 7-3　　集中式空调通风系统各部件消毒方法

部件	消毒方法
过滤器	应先清洗，后消毒。可采用季铵盐类消毒剂或 500 mg/L 含氯消毒剂喷洒或擦拭消毒
风口、空气处理机组	应先清洗，后消毒。可采用化学消毒剂擦拭消毒，金属部件首选季铵盐类消毒剂，按说明书中规定用于表面消毒时的浓度进行消毒。非金属部件首选 500 mg/L 含氯消毒剂
表冷器、加热(湿)器	应先清洗，后消毒。可采用季铵盐类消毒剂喷雾或擦拭消毒，按说明书中规定用于表面消毒时的浓度进行消毒
冷凝水盘	应先清洗，后消毒。可采用季铵盐类消毒剂喷雾或擦拭消毒，按说明书中规定用于表面消毒时的浓度进行消毒
风管	应先清洗，后消毒。可采用化学消毒剂喷雾消毒，金属管壁首选季铵盐类消毒剂，按说明书中规定用于表面消毒时的浓度进行消毒。非金属管壁首选 500 mg/L 含氯消毒剂

二、新型冠状病毒性肺炎疫情防控期间集中式空调系统卫生监督重点

卫生监督的重点主要包括集中式空调通风系统运行原则、设备及部件、风口、冷却塔、清洗消毒、档案管理等。

1. 集中式空调通风系统运行原则

通过查阅场所集中式空调通风系统的竣工验收图、卫生学评价报告等，明确场所集中式空调使用的类别、供风范围、新风取风口等基本情况，按照新型冠状病毒性肺炎疫情期间集中式空调运行原则，分别查看相应落实情况。

2. 设备部件

使用风机盘管的房间或区域，应当确保各房间独立通风。监督过程中，可通过风机盘管的回风口或者检修口，查看风机盘管是否带回风箱；房间吊顶与相邻区域(房间)吊顶是否相通；风机盘管与空调机组送风风管的位置关系。

新型冠状病毒性肺炎疫情防控期间，应以最大新风模式运行，可检查检测报告中新风量。有加湿(如湿膜、喷雾)功能的、有回风、能量回收装置的，新冠肺炎疫情防控期间应关闭。

对使用集中式空调通风系统房间的下水道管道、冷凝水管道等水封设置情况进行监督检查，避免气溶胶通过污水管道在不同房间传播。

3. 风口

新风口设置应远离冷却塔、垃圾站等污染源，新风取自室外洁净区域，避免走廊、吊顶等间接取风方式，避免新风、排风短路。同时新风口应有防护网和初效过滤器。现场检查场所的排风设施是否正常运行，查看运行记录，确保空调系统送风、排风有序运行。全空气方式的集中式空调通风系统，应关闭回风系统采用全新风运行，送风口和回风口应设置防虫媒装置。

4. 冷却塔

因开放式冷却塔的冷却水与空气直接接触，利用填料的换热面积以及气流的流动进行热交换，比较适合嗜肺军团菌的生长繁殖，是新型冠状病毒性肺炎疫情防控期间卫生监督的重点。冷却塔的监督内容包括：①设置位置应远离人员聚集区域、新风取风口、自然通风口、有毒有害气体等；应设置冷却水持续消毒装置；②开放式冷却塔启用前应全面清洗、消毒，监督员应对其消毒设备、消毒剂(厂家消毒产品生产许可、安全评价报告)进行检查。

开放式冷却塔使用期间应保持冷却水消毒药物的有效浓度，每三个月进行军团菌检测；新冠肺炎疫情期间，应每周清洗、持续消毒并有消毒记录。使用氯消毒剂的，余氯值可参考《工业循环冷却水处理设计规范》(GB/T 50050—2017)中对循环回水总管处规定的许用值，即 0.1～1 mg/L。

5. 清洗消毒

检查空调用消毒产品索证(厂家消毒产品生产许可、安全评价报告)以及有效期，消毒过程要严格按照新冠肺炎疫情期间预防性消毒的相关指引要求，做到浓度配比、作用时间符合要求。

查看送风口、回风口、过滤器、净化器、表冷器、换热器、空气处理机组、冷凝水盘等每周清洗消毒记录，核对消毒剂名称、浓度、消毒区域、消毒人员签字等信息。注意表冷器、冷凝水盘、冷却塔等部件消毒在空调制冷工况下进行。

6. 档案管理

通过查看卫生档案，卫生监督执法人员可以了解到集中式空调通风系统的卫生学评价、清洗消毒、维护、保养等工作的开展情况。新型冠状病毒性肺炎疫情防控期间，应检查集中式空调通风系统管理人员是否制定应急预案，应急预案应包括以下内容：明确预案领导小组、应急处理责任人、基本设施要求、清洗消毒要求、卫生管理要求；不同送风区域隔离控制措施、最大新风量或全新风运行方案、空调系统的清洗、消毒方法等；集中式空调系统停用后应采取的其他通风与调温措施等。

第三节　新型冠状病毒性肺炎期间集中式空调系统运行管理策略

新型冠状病毒性肺炎作为急性呼吸道传染病已被纳入《中华人民共和国传染病防治法》规定的乙类传染病，按甲类传染病管理。在新冠肺炎流行期间，对集中式空调系统进行安全合理的卫生管理，能够最大限度地保护场所内人员的健康安全，保障生产生活正常秩序。

一、新型冠状病毒性肺炎疫情防控期间集中式空调系统运行建议

1. 集中式空调系统运行建议

针对不同类型集中式空调系统，对其运行要求列入表 7-4 中。

表 7-4　各类型集中式空调系统运行要求

类型	要求
全空气系统	①关闭回风阀，采用全新风方式运行； ②每天启用前或关闭后多运行 1 小时，对建筑物进行全面通风换气，以保证室内空气清新
空气-水系统	①应确保新风直接取自室外，禁止从机房、楼道和天棚吊顶内取风； ②新风系统宜全天运行，保证人均新风量应不低于 30 m^3/h； ③保证排风系统正常运行； ④对于大进深房间，应当采取措施保证内部区域的通风换气，房间应经常开窗通风换气； ⑤确保各房间独立通风； ⑥既没有新风系统又不能开窗通风换气的房间，应停止使用； ⑦对于无回风风道、从吊顶回风的空调设备（风机盘管），且该区域吊顶与其他区域联通的情况，存在较大的交叉感染风险，建议停用空调，仅开启新风机组。当新风机组或其他设备无法确保室温时，该区域建议停用
VRV 多联机系统和分体空调	①房间应当开门或开窗，加强空气流通，通风不足时，应启动排风系统，有条件的增设室内移动型带有消毒装置的空气净化器； ②对于较大房间，应采取措施保证内部区域的通风换气，下班后，建议延长开窗通风换气时间； ③既没有新风系统又不能开窗通风换气的房间，应停止使用

2. 建议立即停止运行的空调系统状况

①全空气系统：既不能全新风运行，回风又不能关闭，也没有装净化消毒装置的全空气空调系统，请立即停止运行。

②新风加风机盘管系统：没有新风装置或者新风装置不能运行，也不能开窗通风换气的，请立即停止运行。

③VRV 等室内机独立系统：不能开窗通风换气的、没有排风系统的房间内的空调器，请立即停止运行。

④本区域有疑似或者确诊的疫情发生过，请立即停止运行；对空调彻底清洗消毒，对建筑物其他部位彻底消毒，并经卫生部门评价前，请勿启用。

⑤建筑物的空调不具备运行条件的，应采用其他通风与调温措施等。

3. 建议可以使用的空调系统状况

①全空气系统：可以全新风运行的，或不能全新风运行但可以对回风关闭后运行的，以及不能全新风运行但空调机组加装净化消毒装置的要谨慎运行。

②新风加风机盘管系统：新风装置能运行，或能开窗通风换气，或加装净化消毒装置，可以运行。

③VRV 等室内机独立系统：可以开窗通风换气的或者有排风系统的可以运行（家用分体空调可以参照 VAV 系统）。

④辅助空调系统（比如家用分体空调可以参照）：能确保各房间独立通风的，人数变化相对固定，可以使用，有条件的建议适时开窗通风，有条件的最好启动排风，并建议排风尽量长的开启。

由于本次疫情存在潜伏期传播的风险，建议人员流动频繁的公共场所，如报告厅、职工餐厅、健身房、便利店、会议场所等，虽然条件符合上述建议运行标准，但本次疫情期间仍然建议停止运行或者谨慎运行。

4. 其他人员特别密集或特殊情况或场所的建议

继续使用集中式空调通风系统的场所发生疑似、确诊新型冠状病毒感染的肺炎病例后，应立即关闭集中式空调通风系统。发生确诊病例的，在疾病预防控制中心的指导下，对集中式空调通风系统进行消毒和清洗处理，经卫生学评价合格后方可重新启用。

建议停止运行的特别场所：对于商场、旅馆、餐饮、公共浴室等商业建筑，以及音乐厅、影剧院、体育馆、博物馆、图书馆、科技馆、游艺厅、网吧等人员密集的公共场所，机场、铁路客运站、长途客运站、港口客运站和轨道交通站等人员密集的场所，学校和一般的医疗机构应暂停使用集中式空调通风系统。疫情结束后重新开启前应由具有清洗消毒资质的专业机构对集中式空调通风系统清洗消毒或部件更换一次。对于必须开启集中式空调通风系统的医疗机构，应关小或完全关闭回风阀，全开新风阀，以提高系统的新风量，同时开启相应的排风系统，并在空调回风口安装纳米或高强度紫外线灯等集中式空调通风系统消毒装置。加强对集中式空调通风系统的清洁消毒，每月及疫情结束后清洗消毒或部件更换 1 次。

对于汽车、非全密闭火车、轮船等应关闭集中式空调通风系统，并轻启窗户，加强通风。对于飞机、高铁等不能关闭集中式空调通风系统的，或者必须开启集中式空调通风系统的生产企业应关小或完全关闭回风阀，全开新风阀，以提高系统的新风量，同时开启相应的排风系统。应加强对集中式空调通风系统的清洁消毒，每月及疫情结束后清洗消毒或部件更换1次。

二、新型冠状病毒性肺炎期间公共场所集中式空调系统管理策略

1. 卫生质量要求

公共场所空调通风系统的卫生质量应符合《公共场所集中空调通风系统卫生规范》(WS 394—2012)的要求。

公共场所空调通风系统的新风量应符合《公共场所卫生指标及限值要求》(GB 37488—2019)的要求。

2. 运行管理要求

①全空气空调系统

开启前准备：

a. 应掌握新风来源和供风范围等。当空调通风系统的类型、供风范围等情况不清楚时，应暂时关闭空调系统。

b. 应检查过滤器、表冷器、加热(湿)器等设备是否正常运行，风管内表面是否清洁。应对开放式冷却塔、空气处理机组等设备和部件进行清洗、消毒或者更换。应对风管内表面和送风卫生质量进行检测，合格后方可运行。

c. 应保持新风口及其周围环境清洁，新风不被污染。

d. 应对新风口和排风口的短路问题或偶发气象条件下的短路隐患进行排查。如短期内无法进行物理位置整改，应关闭空调通风系统。

e. 寒冷地区冬季开启新风系统之前，应确保机组的防冻保护功能安全可靠。

运行中的管理维护：

a. 低风险地区应以最大新风量运行，并尽量关小回风；中、高风险地区应关闭回风，如在回风口(管路)或空调箱使用中高效及以上级别过滤装置，或安装有效的消毒装置，可关小回风。如具有混风结构，开启前应关闭系统的混风组件，停止混风模式。

b. 人员密集的场所使用空调通风系统时，应加强室内空气流动；应开窗、开门或开启换风扇等换气装置，或者在空调每运行2～3 h、自然通风20～30 min。

c. 对于人员流动较大的商场、写字楼等场所应加强通风换气；每天营业开始前或结束后，空调通风系统新风与排风系统应提前运行或延迟关闭1 h。

d. 应加强对空气处理机组和风机盘管等冷凝水、冷却塔冷却水的卫生管理。

e. 应每周对运行的空调通风系统的过滤器、风口、空气处理机组、表冷器、加热(湿)器、冷凝水盘等设备和部件进行清洗、消毒或更换。

f. 应每周检查下水管道、空气处理装置、卫生间地漏以及空调机组凝结水排

水管等的U型管水封，缺水时及时补水。

②风机盘管加新风系统

开启前准备：

a. 应暂时关闭空调类型、新风来源或供风范围等不清楚的空调通风系统。

b. 应检查过滤器、表冷器、加热(湿)器、风机盘管等设备是否正常运行。对开放式冷却塔、空气处理机组、冷凝水盘等设备和部件进行清洗、消毒或者更换。应对风管内表面和送风卫生质量进行检测，合格后方可运行。

c. 应保证新风直接取自室外，禁止从机房、楼道和天棚吊顶内取风。应保证新风口及其周围环境清洁，新风不被污染。

d. 新风系统应在场所启用前1 h开启。

e. 应对新风口和排风口的短路问题或偶发气象条件下的短路隐患进行排查。如短期内无法进行物理位置整改，应关闭空调通风系统。

f. 应保证排风系统正常运行。

g. 对于进深≥14 m的房间，应采取措施保证内部区域的通风换气；如新风量不足，低于30 m^3/(人·h)国家标准要求，应降低人员密度。

h. 寒冷地区冬季开启新风系统之前，应确保机组的防冻保护功能安全可靠。

运行中的管理与维护：

a. 应加强人员流动较大的公共场所的通风换气；每天营业开始前或结束后，应提前开启或推迟关闭空调系统1 h。

b. 应增加人员密集办公场所的通风换气频次，在空调通风系统使用时，应开窗、开门或开启换风扇等换气装置，或者空调每运行2～3 h自然通风20～30 min。

c. 应加强对空调通风系统冷凝水和冷却水等的卫生管理。

d. 应每周对运行的空调通风系统冷却塔、空气处理机组、送风口、冷凝水盘等设备和部件进行清洗、消毒或更换。

e. 应每周检查下水管道、空气处理装置、卫生间地漏等的U型管的水封，及时补水，防止不同楼层空气掺混。

③分体式空调

开启前准备：

用清水清洗空调室内机过滤网，有条件时应对空调散热器进行清洗消毒。

运行中的管理与维护：

a. 每日使用分体式空调前，应先打开门窗通风20 ～ 30 min，再开启空调，调至最大风量运行至少5 min后关闭门窗；分体式空调关机后，打开门窗通风换气。

b. 长时间使用分体式空调、人员密集的办公场所，应空调每运行2～3 h通风换气20～30 min。

④无新风的风机盘管系统或多联机系统

开启前准备：

应核查无新风风机盘管系统或多联机系统的每个独立温控空间，其送、回风是否具有封闭的风管与表冷器连接，避免从连通吊顶内取回风。无新风的风机盘管系统或多联机系统用清水清洗空调室内机过滤网，有条件时应对空调散热器进行清洗消毒。

运行中的管理与维护：

a. 每日使用分体式空调前，应先打开门窗通风 20～30 min，再开启空调，调至最大风量运行至少 5 min 后关闭门窗；分体式空调关机后，打开门窗通风换气。

b. 长时间使用分体式空调、人员密集的办公场所，应空调每运行 2～3 h 通风换气 20～30 min。

⑤其他运行管理要求

空调通风系统还应满足《空调通风系统运行管理标准》(GB 50365—2019)和《民用建筑供暖通风与空气调节设计规范》(GB 50736—2012)等现行国家标准的要求。

3. 空调系统的停止使用

出现新型冠状病毒性肺炎确诊病例、疑似病例或无症状感染者时，应采取以下措施：

①立即关停确诊病例、疑似病例或无症状感染者活动区域对应的空调通风系统。

②在当地疾病预防控制机构的指导下，立即对上述区域内的空调通风系统进行消毒、清洗，经卫生学检验、评价合格后方可重新启用。

4. 空调系统的卫生学评价、清洗消毒

公共场所空调通风系统卫生学评价、清洗消毒应符合《公共场所集中空调通风系统卫生学评价规范》(WS/T 395—2012)和《公共场所集中空调通风系统清洗消毒规范》(WS/T 396—2012)的要求，办公场所空调通风系统卫生学评价、清洗消毒即也是参照 WS/T 395 和 WS/T 396 的要求执行。

5. 日常检查与卫生监测

①日常检查

a. 收集空调通风系统基本情况资料，包括空调通风系统类型、供风区域、设计参数、冷却塔数量、消毒方式等。

b. 检查卫生管理制度和卫生管理档案完整性。

c. 新风口是否设置防护网和初效过滤器，是否远离建筑物的排风口、开放式冷却塔和其他污染源。

d. 送风口和回风口是否设置防鼠装置，并定期清洗，保持风口表面清洁。

e. 机组是否有应急关闭回风和新风的装置、控制空调系统分区域运行的装置等，并且能够正常运行。空气处理机组、送风管、回风管、新风管、过滤网、过滤器、净化器、风口、表冷器、加热(湿)器、冷凝水盘等是否按要求清洗并保持洁净。

f. 空气处理机房内是否清洁、干燥，是否存放无关物品。

g. 空调系统冷却水、冷凝水、新风量、送风、风管内表面等卫生质量检测报告。

②卫生监测

a. 公共场所空调通风系统的卫生监测指标和结果判定应符合《公共场所集中空调通风系统卫生规范》(WS 394—2012)的要求，办公场所空调通风系统卫生监测指标和结果判定可参照《公共场所集中空调通风系统卫生规范》(WS 394—2012)的要求执行。

b. 公共场所空调通风系统的卫生检验方法应符合《公共场所卫生检验方法 第5部分：集中空调通风系统》(GB/T 18204.5—2013)的要求，办公场所空调通风系统卫生检验方法可参照《公共场所卫生检验方法 第5部分：集中空调通风系统》(GB/T 18204.5—2013)的要求执行。

三、新型冠状病毒性肺炎期间医疗机构集中式空调系统管理策略

1. 医院主要空调系统

①全新风空调系统

a. 全新风空调系统的工作原理与使用场所：该类空调的工作原理是将室外的空气(新风)通过混合空调机箱制冷(或加热)处理后送到单个或多个房间，从而达到房间温度满足使用要求的一种空调形式。该空调由于是全新风供给，能保证各个房间均独立送风，不会通过空调通风管道互相传播病毒，多被使用在发热门诊、隔离病房、检验科、病理科以及手术室等场所。

b. 负压病房空调系统的工作原理与使用场所：负压病房本质上属于全新风空调系统，它是指房间内的空气气压低于房间外的空气气压的一种特殊的全新风空调系统。按照《传染病医院建筑设计规范》(GB 50849—2014)中第7.4.1条规定“负压隔离病房宜采用全新风直流式空调系统”。并在第7.4.2规定“负压隔离病房的送风应经过粗效、中效、亚高效过滤器三级处理。排风应经过高效过滤器过滤处理后排放”。疫情期间，负压病房被广泛用于发热门诊或收治感染患者等场所。

c. 混风空调系统的工作原理与使用场所：该类空调是将部分新风汇集某区域单个大空间或多个房间的回风，通过混风空调机组制冷(或加热)循环送至单个或多个房间的一种空调形式。在空气循环过程中，导致一个区域的风通过混风空调机组循环送至另一区域，从而引发病毒的传播和感染，故此类空调在疫情期间首选关闭，停止使用。其次是关闭回风管道，将新风调整至最大的工作模

式。此类空调多被设置在大厅、会议室、教研室、食堂等大空间区域使用。

d. 风机盘管＋新风系统的工作原理与使用场所：该类空调是由二套设备组成，第一套风机盘管系统是室内的空气通过风机盘管制冷（或加热）后再循环送至室内，主要是满足房间一定温度的要求；另一套新风系统是指室外的空气（新风）通过新风空调箱制冷（或加热）后送到各个房间，主要是提供人体所需的新风量。该系统很好地结合了全新风系统以及混风空调系统的优点，即能提供房间新风量又没有混合送风，避免了房间与房间之间的空气交叉引发的感染，多被医院使用在病房、诊室等场所。但在安装时必须确保每个房间的独立通风。

e. 净化空调的工作原理与使用场所：该类空调系统是将室外空气（新风）混合一定的室内空气经过恒温恒湿净化空调箱[初、中效过滤网过滤、制冷（或加热）、加湿（去湿）等]以及房间吊顶内的高效过滤网，最终到达单个或多个房间，从而使得该房间的空调整体质量指标达到相关技术规范的一种空调模式。质量指标包括：温度、湿度、空气洁净度、压力、换气次数、风速、最小新风量、噪声、照度、自净时间等。医院大多用在手术室、数字脑血管造影（DSA）、血液科移植手术病房、生殖医学中心、ICU 等有空调净化特殊要求的洁净区域。

f. 分体空调、多联机空调、精密空调工作原理与使用场所多联机空调系统为多台室内机连接 1 台室外机组，分体空调和精密空调与多联机的差别是室内机为 1 台，工作原理均相同。此类空调每个房间独立内循环风，由于没有室外新风提供，舒适度差于有新风的空调系统。医院多用于办公、有对外窗户或者检验科、病理科等需单独制冷的设备机房等场所。

2. 不同类型空调综合管理策略

①建立健全后勤质量管理小组

在突发疫情期间，医院迅速成立由主管后勤副院长为组长，后勤、医院感染、医疗、护理，以及设备技术人员为成员的中央空调质量管理小组，明确各部门职责分工，责任到人。院务处后勤专业人员首先全面分析医院各类空调运行特点，制定疫情期间医院不同类型空调处置方案、清洗消毒处置标准操作规程以及预防空调系统相关性感染暴发流行应急预案。感染管理科负责清洗消毒方案和流程的制定和消毒效果评价。医务处、护理处主要负责协调、沟通和督导工作。各部门同心协力，各负其责，围绕着中央空调质量管理为核心开展工作。

②制定个性化空调处置方案

为有效应对疫情，防止飞沫传播感染，首先应尽可能停止使用空调系统，有条件的区域可日常开窗增加自然通风。但由于医院建筑体量大，为满足医疗不同使用功能，绝大部分区域设计了集中式空调系统，无自然通风条件，故综合性医院均配置有集中式空调系统。因此，根据较常见的几种不同类型空调运行特点，制定详细的个性化操作方案，列入表 7-5 中。

表 7-5 新型冠状病毒性肺炎疫情防控期间集中式空调通风系统卫生管理要点

空调类型		管理方案	措施
全新风系统	全新风空调系统(普通)	可以使用	每周对送风口、新风机组过滤网清洗消毒,并做好书面记录。使用时应注意确保新风直接取自室外,禁止从机房、楼道和天棚吊顶内取风;保证排风系统正常运行,排风口离开新风口、窗户和人多的地方
	负压病房空调系统	可以使用	由于负压病房为疫情期间治疗患者的重要场所,故需加强管理,每天专人巡视检查,确保房间的压差送排风设备等正常使用。并制定清洗消毒制度,确保在单个患者出院后实施全面清洁消毒,更换送风和排风过滤网
混风空调系统		关闭	若重新使用,在使用前清洗消毒送、回风口,清洗或更换过滤网等
风机盘管+新风系统		在确保各房间独立通风的条件下可以使用	新风空调系统应全部正常投入使用,同时应开启相应的机械排风系统;此外,每周对送风口、回风口和风口过滤网等清洗消毒,并做好书面记录。使用时应注意确保新风直接取自室外,禁止从机房、楼道和天棚吊顶内取风;保证排风系统正常运行
净化空调		对暂不排除感染患者的急诊手术,首先选择负压手术室,若无此条件,则应关闭空调系统(包括层流与通风),加强室内空气消毒	增加初、中效过滤网的更换频率,并在疫情结束后更换高效过滤网并清洗消毒管道、机箱等空调系统设施设备
分体空调、多联机、精密空调		可以使用,应开窗加强空气自然流通;多联机的送回风口不在同一个房间时,应停止使用	增加对送风口、回风口和风口过滤网清洗消毒频率,并做好书面记录

③规范空调清洗消毒标准操作规程

a. 每周对开放式冷却塔、空调送(回)风口、净化器、表冷器、冷凝水盘、加热(湿)器、空调处理机组，首先使用500 mg/L的含氯消毒液，进行喷洒或擦拭，作用时间30 h后，用清洁布巾表面擦拭。对需要消毒的金属部件建议优先选择75%酒精消毒剂。

b. 每周对可拆卸、可清洗的过滤网、过滤器，使用500 mg/L的含氯消毒液，进行浸泡，作用时间30 h后，晾干使用。若过滤网、过滤器为一次性，无法清洗的则进行更换。

c. 消毒用布巾，不能混合使用，使用后使用2 000 mg/L含氯消毒液浸泡30 h，清洗，晾干、备用。

d. 在专门清洗消毒间进行操作，每天对工作场所进行空气和环境清洁消毒。

e. 必要时使用循环空调消毒机消毒，应持续开机消毒。

f. 以上所有空调系统，待疫情结束后重新开启前由具有清洗消毒资质的专业机构对集中空调通风系统清洗消毒或部件更换一次。

g. 作业人员严格按照疫情防控要求做好流行病学筛查，筛查合格以后方可实施操作。操作时应做好个人防护，佩戴口罩，帽子、手套，勤洗手。

④加强培训，提高人员素质

一方面应加强对全院相关人员特别是医护人员进行中央空调与医院感染相关知识培训，提高临床医护人员对中央空调系统相关性感染防控工作的认识，减少交叉感染风险。另一方面对空调管理和现场作业人员针对突发疫情加强医疗知识的培训，包括：病毒传染常见途径、个人防护、消毒剂配比方式、应急预案等，提高个人业务能力。

⑤建立效果评价细则，提高执行力

为确保各项措施落到实处，制定空调运行管理考核细则，通过全过程监管，及时发现问题，立即反馈，提出解决问题的办法和措施，并给予相应的指导，促进相关人员按规范要求进行操作，促进中央空调医院感染管理质量的持续改进。

⑥发现疑似或确诊病例应急方案

若在非发热门诊区域、隔离病房等场所发生了疑似或确诊感染病例，立即报告医院相关部门、启动医院应急方案。包括：

a. 该患者立即隔离至全新风空调区域或自然通风良好的区域。

b. 原区域的空调系统立即停止使用。

c. 该区域立即实施全面消毒，包括空调系统：风口过滤网、送(回)风口、表冷器、冷凝水盘和空调机组过滤网等清洗、消毒、浸泡或更换。

d. 待完成上述工作后，经卫生学评价合格后方可重新投入使用。

e. 上述工作均需分工明确，责任到人，并结合医疗，实施应急演练。

参考文献

[1] 北京市疾病预防控制中心.新型冠状病毒性肺炎流行期间集中空调通风系统运行防控指引(4.0版)[S].2020,2,19.

[2] 国家卫生健康委员会.新型冠状病毒性肺炎防控方案(第九版)[S].2020,3,7.

[3] 国务院应对新型冠状病毒性肺炎疫情联防联控机制综合组.新冠肺炎流行期间办公场所和公共场所空调通风系统运行管理指南[S],2020,2,13.

[4] 中华人民共和国国家卫生和计划生育委员会.病区医院感染管理规范:WS/T 510—2016[S].北京:中国标准出版社.2016.

[5] WS 696—2020,新冠肺炎疫情期间办公场所和公共场所空调通风系统运行管理卫生规范[S].北京:国家卫生健康委,2020.

[6] J Lu, J Gu, Li K, et al. COVID-19 Outbreak Associated with Air Conditioning in Restaurant, Guangzhou, China, 2020[J]. Emerging Infectious Diseases, 2020, 26(7):1628-1631.

[7] Park S Y, Kim Y M, Yi S, et al. Coronavirus Disease Outbreak in Call Center, South Korea[J]. Emerging Infectious Diseases, 2020, 26(8):1666-1670.

[8] 谭洪卫.新冠病毒疫情传播与空调通风关联研究的中日动态与探讨[J].暖通空调,2021,51(04):73-80+66.

[9] 殷平.新型冠状病毒性肺炎疫情与集中空调系统[J].暖通空调,2020,50(10):24-30+86.

第八章

集中式空调系统微生物污染防治实例

集中式空调系统的清洗技术，是其微生物防治的重点，本章整理了集中式空调系统的空调机组、空调风系统、空调水系统的相关防治案例，并结合新冠疫情，整理了企业及医院对集中式空调系统的清洗及消杀案例。

第一节　某商场集中式空调系统空调机组清洗案例

一、案例对象现状

某商场中央空调系统的主机冷凝器和蒸发器经过长时间的使用后，设备内部结生了一定的污垢，污垢的成分主要有水垢、腐蚀产物及生物菌藻等。主机设备为 1 150 kW 的开利空调主机。

二、空调机组整体清洗方案

清洗设备：1 200 W/380 V 循环泵；200 L 清洗槽；QL380C 推车式冷水式高压清洗机。

清洗药剂："豫科能"中央空调清洗剂（HKN1-ZQJ）和钝化预膜剂（HKN3-DYJ）。

1. 清洗前准备工作

①进行电和水的连接和确定排污位置。

②关闭主机冷凝器前的进出水阀门，看其前面的压力表是否在零位置，若不在，须排压，若还不能到零位置，证明其阀门关闭不严，需要在其阀门前面加闷板。

③进行所清洗的主机冷凝器进出水、循环泵和循环管路连接，检查泵正反转。

④对加药装置的水、电和泵的连接状况进行检漏。

2. 化学除垢

将中央空调专用清洗剂通过外接管、泵、清洗槽等逐渐加入清洗槽内进行充分循环，同时在清洗槽中挂入处理并称量过的铜试片(因为空调主机材质是铜)，每过 30 min 左右分析一次清洗液浓度和铁离子含量，根据分析结果确定补加清洗剂的量，直到清洗剂浓度或铁离子浓度不再变化时，停止循环。从冷凝器外接循环系统出口排出废液，并不断补加清水，直到 pH 为 5 左右、铁离子浓度 $<50\times10^{-6}$ mg/L 时进行中和处理。

3. 中和处理

中和处理主要是用氢氧化钠、碳酸钠等辅以中和助剂对系统内残余的酸性清洗剂进行中和处理，使 pH 达到 7 左右，以保证进行下一步钝化处理时的质量。打开主机端盖，用高压清洗机对机器内的铜管进行逐根清洗；清洗完毕后，分别打开冷凝器进、出水阀门，利用系统本身的循环水对主机进行反洗，以保证主机冷凝器内不留残渣和清洗残液；最后合上端盖检漏后进行后续步骤处理。

4. 钝化处理

加入钝化预膜剂，调整 pH 为 8～9，否则钝化效果较差或对铜有腐蚀。钝化处理主要是保证在化学除垢完毕后，使清洗后的金属表面不出现二次浮锈，否则主机在运行时腐蚀更加严重。

清洗后的实测腐蚀速率数据 0.53 g/($m^2\cdot$h)小于国家 HG/T2387—2007《工业设备化学清洗质量标准》中规定的 2 g/($m^2\cdot$h)。

第二节　某剧场集中式空调通风系统清洗案例

一、案例对象现状

某剧场舞台中央空调风管系统，风管面积约为 480 m^2，管道布置在舞台顶部和侧面。

二、集中式空调通风系统清洗方案

主要设备：电动软轴清洗机、空压机配气刀喷嘴。

清洗消毒：清洗前，对清洗场地进行有效保护，覆盖和搬动施工处所内的物品；拆卸风口、过滤网，清洗、消毒并吹干；风管清洗前勘察风管内污染情况，用检测机器人侦察管道内的污染情况，确定使用的清洗设备并保存影像资料供监测及验收；分段封闭风管及其出风口；确定机器人和尘埃收集系统的位置；清洗时，从百叶出风口或工作操作口处，使用清洗设备（清扫机器人、气刀喷嘴）进行清扫工作；检查风管清洗效果，拍照记录；消毒时，采用气刀喷嘴连接消毒气泵进行风管内消毒；自测如不达标，则采取相应解决措施直至达标，自测达标后将场地交付客户复检验收，并现场拍摄录像、记录；如有开口，需要进行工作操作口修复，包括风管和保温层的修复；安装过滤网和风口，贴上标签，并调整好出风量；清理现场，施工中产生的固废物按照甲方要求及国家相关法规进行处理。

清洗后，对风管内积尘量、细菌和真菌菌落数进行检测，检测结果显示清洗后的积尘量为 10 g/m^2，前后差值为 64 g/m^2。清洗后的细菌菌落数为 87 CFU/cm^2，前后差值为 148 CFU/cm^2。清洗后真菌菌落数为 77 CFU/cm^2，前后差值为 129 CFU/cm^2。均满足国家规范要求。

第三节　某宾馆中央空调冷冻水系统的化学清洗案例

一、案例对象现状

该宾馆系统使用的是地下水，循环水量约为 400 m^3/h，供冷系统和采暖系统为分开的两个系统。供冷系统又分为大塔和小塔，每个系统的容水量为 30 t 左右。酒店自 2012 年开业到 2013 年公司进行清洗时从未进行系统的清洗和水质的保养工作。在刚开始进入施工地点的时候，水质非常差，已经出现了红水现象。

二、集中式空调系统处理方案

1. 杀菌灭藻

通过向循环系统加入杀菌药剂，清除循环水中的各种细菌和藻类。杀菌灭藻清洗的目的是杀死系统内的微生物，并使设备表面附着的生物黏泥剥落脱离。排掉冲洗水后，将系统内加入杀菌灭藻剂进行清洗，当系统的浊度趋于平衡时停止清洗。

2. 黏泥剥离

加入剥离剂，使管道内的生物黏泥剥离脱落，通过循环将黏泥清洗出来。

3. 化学清洗

加入化学清洗剂、分散剂，将管道系统内的浮锈、垢、油污清洗下来，分散排出，还原成清洁的金属表面。清洗液清洗的目的是利用清洗剂把系统内的水垢、氧化物溶解后溶于水冲洗掉。将清洗剂加入中央空调系统用循环泵循环清洗，并在最高点排空和最低点排污，以避免产生气阻和导淋堵塞，影响清洗效果。清洗时应定时检测清洗液浓度、金属离子(Fe^{2+}、Fe^{3+}、Cu^{2+})浓度、温度、pH 等，当金属离子浓度趋于平缓时结束清洗。

在水系统中加入清洗剂，除去系统中污垢及铁锈，通过水循环 12～24 h，排污到浊度$<15\times10^{-6}$，最后将 Y 形过滤器的过滤网拆开清洗。

4. 表面预膜

投入预膜药剂，在金属表面形成致密的聚合高分子保护膜，以起防蚀作用。预膜的目的是让清洗后处于活化状态下的金属表面或保护膜受到伤害的金属表面形成一层完整耐蚀的保护膜。在水系统中加入预膜剂进行表面钝化处理，运行时间在 24 h 左右，pH 控制在 6.0～6.5，排污至浊度$<5\times10^{-6}$。

5. 日常养护

加入缓蚀剂，避免金属生锈，同时加入阻垢剂，通过综合作用，防止钙镁离子结晶沉淀，并定期抽验，监控水质。药剂浓度依据具体水质情况，由分析监控决定投加量，以维持和修补系统内金属表面形成的保护膜，阻止和分散各种成垢离子结垢，达到防腐、防垢和控制微生物生长的目的。

第四节　某国内大型半导体企业空调系统消杀案例

一、案例对象现状

该企业为半导体生产加工制造企业，人员极度密集，大部分人员活动在办公室区域、生产车间区域。由于生产工艺的特殊性，生产车间为密闭环境；生产技术人员需求较多，办公室人员密度较大，因此对于空调的消毒杀菌，显示出格外的重要。消除空调系统的病毒细菌，避免发生二次传播。

二、集中式空调系统处理方案

1. 空调系统类别区分

该企业各地工厂内的空调系统基本可分为以下几类:生产车间空调系统,全新风空调机组(MAU)+高效过滤风机单元(FFU)+干式冷盘管(DCC)的组合配置系统;洁净循环回风空调机组(CAU)+高效过滤风机单元(FFU)的组合配置系统。办公室区域空调系统:组合式空调机组(AHU)+风机盘管(FCU)的组合配置系统。

2. 空调系统消毒措施

①办公室区域的空调系统消毒措施

根据办公室区域的空调特性,办公室区域,优先采取加大新风换气量,作为最有效的防控手段之一;在没有可开启的外窗的办公室,开启排风设备,以增大排风量,使自由新风得以补入,并关闭室内的风机盘管(FCU)。使用稀释后的 84 消毒液(有效氯含量为 600 mg/L)进行喷洒消毒风机盘管的送风散流器和回风百叶口。

对办公室区域的空调设备进行消毒,频率为 2 次/周,并使用稀释后的 84 消毒液(有效氯含量为 600 mg/L)进行喷洒组合式空调箱(AHU)内部壁板,静置 10 min 后擦净;喷洒组合式空调箱(AHU)内部初、中效过滤器,风机盘管(FCU)的送风散流器和回风百叶口,自然静置挥发即可。

②生产车间区域的空调系统消毒措施

根据生产车间区域的空调特性,车间基本建模为密闭环境,车间由全新风空调机组(MAU)供给车间新风,新风量较大,考虑车间静压箱形式的系统,分为两部分进行消除;车间静压箱的回风百叶口消毒和 MAU 机组的消毒。回风百叶口消毒使用消毒液(因生产工艺,不可用含氯消毒液,宜使用 75%酒精消毒液)喷洒百叶口,静置 10 min 后,使用无尘布擦拭干净;对于 MAU 机组的消毒,使用消毒液喷洒机组内部壁板,静置 10 min 后擦净。

此消毒灭菌措施,经过该企业的实践应用,产生较好的效果。该企业现已复工复产 80%以上,且状态良好,无疫情传播发生。

第五节　上海市金山区 5 所医疗机构集中式空调管理实例

一、案例对象现状

金山区安装使用集中式空调通风系统的医疗机构总共 5 家,其中综合医院

4家，传染病医院1家。5家医院均开设有发热门诊，均为金山区防控新冠肺炎疫情指定转诊医院，传染病医院为指定收治确诊新冠肺炎患者医院。

二、集中式空调系统管理方案

1.集中式空调系统类型及设置

每家医疗机构有1种或多种集中式空调通风系统，类型包括全空气系统、风机盘管加新风系统、变制冷剂流量多联式空调(VRV)加新风系统3种。其中诊室、病房及医护办公室等小空间区域均为风机盘管加新风系统或VRV加新风系统，中庭、门诊大厅、部分走廊等大空间区域为全空气系统。门诊、急诊、病房及其他辅助用房等集中式空调通风系统均相对独立设置，同一系统不同功能区域设置有应急关闭新风装置。

发热门诊及隔离观察室空调类型及设置情况。3家综合医院及1家传染病医院为分体式空调；1家综合医院发热门诊为VRV加新风系统(已暂停使用)，隔离观察室为风机盘管加新风系统(已暂停使用)；5家单位发热门诊及隔离观察室均有排风设施，但排风未经高效过滤净化处理。

收治确诊新冠肺炎患者病房空调类型及设置情况。收治确诊新冠肺炎患者的病房为负压隔离病房，采用全新风空调系统。送风经过初效、中效、亚高效过滤器三级处理。排风经过高效过滤器过滤处理后排放。每间负压隔离病房的送、排风管道上设置有电动密闭阀。

2.新风系统卫生状况

5家医疗机构新风均直接取自室外，新风口位置均远离污染气体排气口、污水通气管、冷却塔及垃圾存储区等污染源。手术室、分娩室及保育室等特护区新风设置有高中效过滤器，无特殊洁净要求的其他功能区新风均使用初效过滤器。5家医疗机构发热门诊及隔离观察室均采取自然送风机械排风的方式通风换气。

3.空调运行情况

有3家综合医院仅开启“手术室、产房”等特护区集中式空调通风系统，其他区域均关闭。1家综合医院关闭其发热门诊、隔离观察室集中式空调通风系统，关闭其门诊大厅、候诊区及住院部大厅等全空气式集中式空调供风区域空调主机，仅开启新风机保持机械送风，其他使用风机盘管加新风系统或VRV加新风系统功能区集中式空调系统正常开启，全新风量运行。传染病医院关闭非负压病房区全空气式集中式空调通风系统主机，开启新风机保持门诊、急诊大厅及职工食堂等处机械送风，其他集中式空调通风系统正常运转，且全新风量运行。有回风系统(管道)的空调系统,回风阀已全部关闭。

4. 卫生管理情况

5家医疗机构均制定了预防空气传播性疾病应急预案,相关工作人员掌握其单位空调系统类型、供风区域及应急隔离控制措施,每周对运行中的空调滤网、过滤器、净化器、风口及空气处理机组等部件进行清洗消毒至少1次。每天工作结束后进行空气和环境清洁消毒1次。

金山区5家医疗机构集中式空调通风系统设置符合卫生规范要求,运行管理良好,导致新冠肺炎疫情传播和蔓延的可能性较小。其中,传染病医院集中式空调通风系统设置及运行最为规范,为集中收治新冠肺炎患者提供了有利条件。

参考文献

[1] 吴晋英,张敏,徐会武,等.中央空调主机化学清洗工艺[J].清洗世界,2018,34(01):13-16+24.

[2] 付腾.中央空调风管清洗消毒技术研究[J].河南科技,2020,39(26):38-40.

[3] 陈敏,薛冕,张晓光,等.中央空调冷冻水系统的清洗及水质保养[J].清洗世界,2018,34(04):22-25.

[4] 吕国峰,吉日木图,张良,等.新冠肺炎疫情下劳动密集型企业的空调系统消毒措施探讨[J].洁净与空调技术,2020(02):116-118+122.

[5] 李广普,曾德才,王晓东.新冠肺炎疫情期间5所医疗机构集中空调卫生状况及管理对策[J].中国公共卫生管理,2021,37(01):86-88.

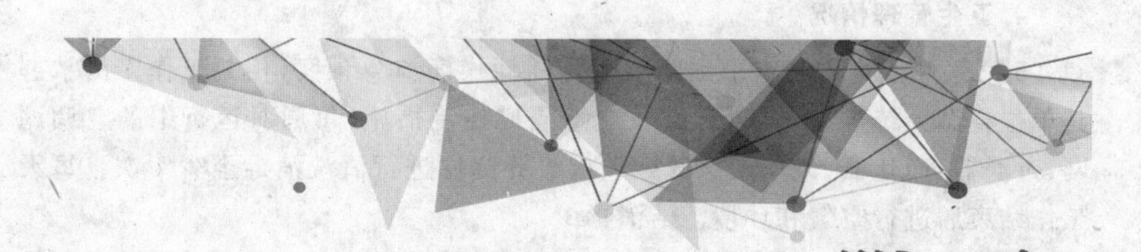

附 录

规范性附录

附录 A　集中空调系统新风量检测方法

A.1　总则

本附录规定了用风管法测定集中空调系统的新风量，即直接在新风管上测定新风量的方法。

A.2　原理

在机械通风系统处于正常运行或在规定的工况条件下，通过测量新风管某一断面的面积及该断面的平均风速，计算出该断面的新风量。如果一套系统有多个新风管，每个新风管均要测定风量，全部新风管风量之和即为该套系统的总新风量，根据系统服务区域内的人数，便可得出新风量结果。

A.3　仪器

A.3.1　标准皮托管：$K_p=0.99\pm0.01$，或S形皮托管 $K_p=0.84\pm0.01$。

A.3.2　微压计：精确度不低于2%，最小读数不大于1 Pa。

A.3.3　热电风速仪：最小读数不大于0.1 m/s。

A.3.4　玻璃液体温度计或电阻温度计：最小读数不大于1 ℃。

A.4 测点要求

A.4.1 检测点所在的断面应选在气流平稳的直管段，避开弯头和断面急剧变化的部位。

A.4.2 圆形风管测点位置和数量：将风管分成适当数量的等面积同心环，测点选在各环面积中心线与垂直的两条直径线的交点上，圆形风管测点数见表A.1。直径小于0.3 m、流速分布比较均匀的风管，可取风管中心一点作为测点。气流分布对称和比较均匀的风管，可只取一个方向的测点进行检测。

表A.1 圆形风管测点数

风管直径/m	环数/个	测点数（两个方向共计）/个
≤1	1～2	4～8
>1～2	2～3	8～12
>2～3	3～4	12～16

A.4.3 矩形风管测点位置和数量：将风管断面分成适当数量的等面积矩形（最好为正方形），各矩形中心即为测点。矩形风管测点数见表A.2。

表A.2 矩形风管测点数

风管直径/m	等面积矩形数/个	测点数/个
≤1	2×2	4
>1～4	3×3	9
>4～9	3×4	12
>9～16	4×4	16

A.5 测量步骤

A.5.1 测量风管检测断面面积（F），按表A.1或表A.2分环（分块）确定检测点。

A.5.2 皮托管法测定新风量测量步骤如下：

a.检查微压计显示是否正常，微压计与皮托管连接是否漏气。

b.将皮托管全压出口与微压计正压端连接，静压管出口与微压计负压端连接。

c.将皮托管插入风管内，在各测点上使皮托管的全压测孔对着气流方向，偏差不得超过10°，测量出各点动压（P_d）。重复测量一次，取算术平均值。

d. 将玻璃液体温度计或电阻温度计插入风管中心点处，封闭测孔待温度稳定后读数，测量出新风温度(t)。

e. 调查机械通风服务区域内的设计人流量和实际最大人流量。

A. 5. 3 风速计法测定新风量测量步骤如下：

a. 按照热电风速仪使用说明书调整仪器。

b. 将风速仪放入新风管内测量各测点风速，以全部测点风速的算术平均值作为平均风速。

c. 将玻璃液体温度计或电阻温度计插入风管中心点处，封闭测孔待温度稳定后读数，测量出新风温度(t)。

d. 调查机械通风服务区域内的设计人流量和实际最大人流量。

A. 5. 4 按要求对仪器进行期间核查和使用前校准。

A. 6 结果计算

A. 6. 1 皮托管法测量新风量的计算见式(A. 1)：

$$Q=\frac{\sum_{i=1}^{n}(8\,500\times F\times 0.078\times K_p\times\sqrt{378+t}\times\sqrt{P_i})}{P} \tag{A. 1}$$

式中 Q——新风量，$m^3\cdot(人\cdot h)^{-1}$；

F——新风管测量断面面积，m^2；

K_p——皮托管系数；

T——新风温度，℃；

P_d——新风动压值，Pa；

n——一个机械通风系统内新风管的数量；

P——服务区人数，取设计人流量与实际最大人流量 2 个数中的高值，人。

A. 6. 2 风速法测量新风量的计算见式(A. 2)：

$$Q=\frac{\sum_{i=1}^{n}(3\,600\times F\times V)}{P} \tag{A. 2}$$

式中 Q——新风量，$m^3\cdot(人\cdot h)^{-1}$；

F——新风管测量断面面积，m^2；

V——新风管中空气的平均速度，$m\cdot s^{-1}$；

n——一个系统内新风管的数量；

P——服务区人数，取设计人流量与实际最大人流量 2 个数中的高值，人。

A.6.3　换气次数的计算见式(A.3)：

$$A = \frac{Q \times P}{V} \quad \text{(A.3)}$$

式中　A——换气次数,次·h^{-1}；

Q——新风量,m^3·(人·h$)^{-1}$；

P——服务区人数；

V——室内空气体积,m^3。

A.7　测量范围

皮托管法测量新风管的风速范围为 2～30 m/s,电风速计法测量新风管风速范围为 0.1～10 m/s。

附录 B　集中空调系统冷却水、冷凝水中嗜肺军团菌检验方法

B.1　总则

本附录规定了用培养法定性测定集中空调系统冷却水、冷凝水及其形成的沉积物、软泥等样品中的嗜肺军团菌,其他洗浴水、温泉水、景观水等样品中的嗜肺军团菌测定可参照执行。

B.2　术语和定义

下列术语和定义适用于本方法。

B.2.1　嗜肺军团菌(legionella pneumophila)

样品经培养在 GVPC 琼脂平板上生成典型菌落,并在 BCYE 琼脂平板上生长而在 L-半光氨酸缺失的 BCYE 琼脂平板不生长,进一步经生化实验和血清学实验鉴定确认的菌落。

B.3　仪器和设备

B.3.1　平皿：ϕ90 mm。

B.3.2　CO_2 培养箱：35～37 ℃。

B.3.3　紫外灯：波长为(360±2)nm。

B.3.4　滤膜过滤器。

B.3.5　滤膜：孔径为 ϕ0.22～ϕ0.45 μm。

B.3.6　真空泵。

B.3.7　离心机。

B.3.8　涡旋振荡器。

B.3.9　普通光学显微镜、荧光显微镜。

B.3.10　水浴箱。

B.3.11　广口采样瓶：玻璃或聚乙烯材料，磨口，容积为 500 mL。

B.4　培养基和试剂

B.4.1　GVPC 琼脂平板。

B.4.2　BCYE 琼脂平板。

B.4.3　BCYE-CYE 琼脂平板。

B.4.4　革兰氏染色液。

B.4.5　马尿酸盐生化反应管。

B.4.6　军团菌分型血清试剂。

B.5　采样

B.5.1　将广口采样瓶(B.3.11)用前灭菌。

B.5.2　每瓶中加入 $Na_2S_2O_3$ 溶液(c＝0.1 mol/L)0.3～0.5 mL，中和样品中的氧化物。

B.5.3　水样采集位置：冷却水采样点设置在距塔壁 20 cm、液面下 10 cm 处，冷凝水采样点设置在排水管或冷凝水盘处。

B.5.4　每个采样点依无菌操作取水样约 500 mL。

B.5.5　采集的样品 2 d 内送达实验室，不必冷冻，但要避光和防止受热，室温下贮存不得超过 15 d。

B.6　检验步骤

B.6.1　样品的沉淀或离心：如有杂质可静置沉淀或以 1 000 r/min 离心 1 min 去除。

B.6.2　样品的过滤：将经沉淀或离心的样品通过滤膜(B.3.5)过滤，取下滤膜置于 15 mL 灭菌水中，充分洗脱，备用。

B.6.3　样品的热处理：取 1 mL 洗脱样品，置 50 ℃水浴(B.3.10)加热 30 min。

B.6.4　样品的酸处理：取 5 mL 洗脱样品，调 pH 至 2.2，轻轻摇匀，放置 5 mm。

B.6.5　样品的接种：取洗脱样品(B.6.2)、热处理样品(B.6.3)及酸处理样品(B.6.4)各0.1 mL，分别接种GVPC平板(B.4.1)。

B.6.6　样品的培养：将接种平板静置于CO_2培养箱(B.3.2)中，温度为35～37 ℃，CO_2浓度为2.5%。无CO_2培养箱可采用烛缸培养法，观察到有培养物生成时，反转平板，孵育10 d，注意保湿。

B.6.7　菌落观察：军团菌生长缓慢，易被其他菌掩盖，从孵育第3 d开始每天在显微镜(B.3.9)上观察。军团菌的菌落颜色多样，通常呈白色、灰色、蓝色或紫色，也能显深褐色、灰绿色、深红色，菌落整齐，表面光滑，呈典型毛玻璃状，在紫外灯下，部分菌落有荧光。

B.6.8　菌落验证：从平皿上挑取2个可疑菌落，接种BCYE琼脂平板(B.4.2)和L-半光氨酸缺失的BCYE琼脂平板(B.4.3)，35～37 ℃培养2 d，凡在BCYE琼脂平板上生长而在L-半光氨酸缺失的BCYE琼脂平板不生长的则为军团菌菌落。

B.6.9　菌型确定：应进行生化培养与血清学实验确定嗜肺军团菌。生化培养：氧化酶(－/弱＋)，硝酸盐还原(－)，尿素酶(－)，明胶液化(＋)，水解马尿酸。血清学实验：用嗜肺军团菌诊断血清进行分型。

附录C　集中空调送风中可吸入颗粒物(PM_{10})检测方法

C.1　总则

本附录规定了用光散射式粉尘仪测定集中空调系统送风中可吸入颗粒物PM_{10}的质量分数，测量范围为0.001～10 mg/m^3。

C.2　原理

当光照射在空气中悬浮的颗粒物上时，产生散射光。在颗粒物性质一定的条件下，颗粒物的散射光强度与其质量浓度成正比。通过测量散射光强度，应用质量浓度转换系数K值，求得颗粒物质量浓度。

C.3　仪器

颗粒物捕集性能：捕集效率为50%时所对应的颗粒物空气动力学直径Da_{50}为10±0.5 μm，捕集效率曲线的几何标准差仃δ_g为1.5±0.1。

测量灵敏度：对于校正粒子，仪器 1 个计数/min＝0.001 mg/m^3。

测量相对误差：对于校正粒子测量相对误差小于±10％。

测量范围：0.001～10 mg/m^3。

仪器应内设出厂前已标定的具有光学稳定性的自校装置。

注：校正粒子为平均粒径 0.6 μm，几何标准偏差 δ＜1.25 的聚苯乙烯粒子。

C.4 测量步骤

C.4.1 检测点数量与位置

C.4.1.1 每套空调系统选择 3～5 个送风口进行检测。送风口面积小于 0.1 m^2，设置 1 个检测点，送风口面积在 0.1 m^2 以上的，设置 3 个检测点。

C.4.1.2 风口设置 1 个检测点的，在送风口中心布置，设置 3 个检测点的，在送风口对角线四等分的 3 个等分点上布点。

C.4.1.3 检测点位于送风口散流器下风方向 15～20 cm 处。

C.4.2 检测时间与频次

C.4.2.1 应在集中空调系统正常运转条件下进行检测。

C.4.2.2 每个检测点检测 3 次。

C.4.3 仪器操作

C.4.3.1 对粉尘仪光学系统进行自校准。

C.4.3.2 根据送风中 PM_{10} 浓度、仪器灵敏度、仪器测定范围确定仪器测定时间。

C.4.3.3 按使用说明书操作仪器。

C.5 结果计算

C.5.1 数据转换

对于非质量浓度的计数值，按式(C.1)转换为 PM_{10} 质量浓度：

$$c = R \times K \tag{C.1}$$

式中 c——可吸入颗粒物 PM_{10} 的质量浓度，mg/m^3；

R——仪器每分钟计数值，个/min；

K——质量浓度转换系数。

C.5.2 送风口 PM_{10} 浓度计算

送风口 PM_{10} 的质量浓度(c_n)按式(C.2)计算：

$$c_n = \frac{1}{n}\sum_{i=1}^{n}\left(\frac{1}{3}\sum_{j=1}^{j} c_{ij}\right) \tag{C.2}$$

式中 c_{ij}——第 j 个测点、第 i 次检测值；

n——测点个数。

C.5.3 集中空调系统送风中 PM_{10} 浓度测定结果

一个系统(a)送风中 PM_{10} 的测定结果(C_a)按该系统全部检测的送风口 PM_{10} 质量分数(C_k)的算术平均值给出。

附录 D 集中空调送风中细菌总数检验方法

D.1 总则

本附录规定了用培养法测定集中空调系统送风中的细菌总数。

D.2 术语和定义

下列术语和定义适用于本方法。

D.2.1 细菌总数(total bacterial count)

集中空调系统送风中采集的样品，计数在营养琼脂培养基上经 35～37 ℃、48 h 培养所生长发育的嗜中温性需氧和兼性厌氧菌落的总数。

D.3 仪器和设备

D.3.1 六级筛孔撞击式微生物采样器。

D.3.2 高压蒸汽灭菌器。

D.3.3 恒温培养箱。

D.3.4 平皿：ϕ90 mm。

D.4 培养基

D.4.1 营养琼脂培养基成分：

蛋白胨 10 g

氯化钠 5 g

肉膏 5 g

琼脂 20 g

蒸馏水 1 000 mL

D.4.2 制法：将蛋白胨、氯化钠、肉膏溶于蒸馏水中，校正 pH 为 7.2～7.6，加入琼脂，在 121 ℃环境中进行 20 min 灭菌备用。

D.5　采样

D.5.1　采样点：每套空调系统选择 3～5 个送风口进行检测，每个风口设置 1 个检测点，一般设在送风口下方 15～20 cm、水平方向向外 50～100 cm 处。

D.5.2　采样环境条件：采样时集中空调系统必须在正常运转条件下，并关闭门窗 15～30 min 以上，尽量减少人员活动幅度与频率，记录室内人员数量、温湿度与天气状况等。

D.5.3　采样方法：以无菌操作，使用撞击式微生物采样器（D.3.1）以 28.3 L/min 流量采集 5～15 min。

D.6　检验步骤

将采集细菌后的营养琼脂平皿置于 35～37 ℃的环境中培养 48 h，菌落计数。

D.7　结果报告

D.7.1　送风口细菌总数测定结果：菌落计数，记录结果并按稀释比与采气体积换算成 CFU/m³（空气中菌落形成单位每立方米）。

D.7.2　集中空调系统送风中细菌总数测定结果：一个系统送风中细菌总数的测定结果按该系统全部检测的送风口细菌总数测定值中的最大值给出。

附录 E　集中空调送风中真菌总数检验方法

E.1　总则

本附录规定了用培养法测定集中空调系统送风中的真菌总数。

E.2　术语和定义

下列术语和定义适用于本方法。

E.2.1　真菌总数（total fungi count）

集中空调系统送风中采集的样品，计数在沙氏琼脂培养基上经 28 ℃、5 d 培养所形成的菌落数。

E.3　仪器和设备

见 D.3。

E.4　培养基

E.4.1　沙氏琼脂培养基成分：

蛋白胨 10 g

葡萄糖 40 g

琼脂 20 g

蒸馏水 1 000 mL

E. 4. 2　制法：将蛋白胨、葡萄糖溶于蒸馏水中，校正 pH 为 5. 5～6. 0，加入琼脂，在 115 ℃环境中 15 min 灭菌备用。

E. 5　采样

见 D. 5。

E. 6　检验步骤

将采集真菌后的沙氏琼脂培养基平皿置 28 ℃培养 5 d，逐日观察并于第 5 d 记录结果。若真菌数量过多可于第 3 d 计数结果，并记录培养时间。

E. 7　结果报告

E. 7. 1 送风口真菌总数测定结果：菌落计数，记录结果并按稀释比与采气体积换算成 CFU/m^3（空气中菌落形成单位每立方米）。

E. 7. 2　集中空调系统送风中真菌总数测定结果：一个系统送风中真菌总数的测定结果按该系统全部检测的送风口真菌总数测定值中的最大值给出。

附录 F　集中空调送风中 β-溶血性链球菌检验方法

F. 1　总则

本附录规定了用培养法测定集中空调系统送风中的 β-溶血性链球菌。

F. 2　术语和定义

下列术语和定义适用于本方法。

F. 2. 1　β-溶血性链球菌（β-hemolytic streptococcus）

集中空调系统送风中采集的样品，经 35～37 ℃、24～48 h 培养，在血琼脂平板上形成的典型菌落。

F. 3　仪器和设备

见 D. 3。

F.4 培养基

F.4.1 血琼脂平板成分：

蛋白胨 10 g

氯化钠 5 g

琼脂 20 g

脱纤维羊血 5～10 mL

蒸馏水 1 000 mL

F.4.2 制法：将蛋白胨、氯化钠、肉膏加热溶化于蒸馏水中，校正 pH 为 7.4～7.6，加入琼脂，在 121 ℃的环境中 20 min 灭菌。待冷却至 50 ℃左右，以无菌操作加入脱纤维羊血，摇匀倾皿。

F.5 采样

见 D.5。

F.6 检验步骤

F.6.1 培养方法：采样后的血琼脂平板在 35～37 ℃下培养 24～48 h。

F.6.2 结果观察：培养后，在血琼脂平板上形成呈灰白色、表面突起、直径为 0.5～0.7 mm 的细小菌落，菌落透明或半透明，表面光滑有乳光；镜检为革兰氏阳性无芽孢球菌，圆形或卵圆形，呈链状排列，受培养与操作条件影响链的长度在 4～8 个细胞至几十个细胞之间；菌落周围有明显的 2～4 mm 界限分明、完全透明的无色溶血环。符合上述特征的菌落为 β-溶血性链球菌：

F.7 结果报告

F.7.1 送风口 β-溶血性链球菌测定结果：菌落计数，记录结果并按稀释比与采气体积换算成 CFU/m^3（空气中菌落形成单位每立方米）。

F.7.2 集中空调系统送风中 β-溶血性链球菌测定结果：一个系统送风中 β-溶血性链球菌的测定结果按该系统全部检测的送风口 β-溶血性链球菌测定值中的最大值给出。

附录 G 集中空调送风中嗜肺军团菌检验方法

G.1 总则

本附录规定了用液体冲击法测定集中空调系统送风中的嗜肺军团菌。

G.2 术语和定义

下列术语和定义适用于本方法。

G.2.1 嗜肺军团菌(legionella pneumophila)

样品经培养在GVPG琼脂平板上生成典型菌落,并在BCYE琼脂平板上生长而在L-半光氨酸缺失的BCYE琼脂平板不生长,进一步经生化实验和血清学实验鉴定确认的菌落。

G.3 仪器和设备

G.3.1 微生物气溶胶浓缩器:采样流量≥100 L/min,对于直径为3.0 μm以上粒子其捕集效率≥80%或浓缩比≥8。

G.3.2 液体冲击式微生物气溶胶采样器:采样流量7~15 L/min,对于0.5 μm粒子的捕集效率≥90%。

G.3.3 离心管:容积50 mL。

G.3.4 平皿:ϕ90 mm。

G.3.5 CO_2 培养箱:35~37 ℃。

G.3.6 紫外灯:波长为(360±2)nm。

G.3.7 涡旋振荡器。

G.3.8 普通光学显微镜、荧光显微镜。

G.3.9 水浴箱。

G.4 试剂和培养基

G.4.1 采样吸收液1-GVPC液体培养基

G.4.1.1 GVPC添加剂成分:

多粘菌素B硫酸盐10 mg

万古霉素0.5 mg

放线菌酮80 mg

G.4.1.2 BCYE添加剂成分:

α-酮戊二酸1.0 g

N-2酰胺基-2氨基乙烷磺酸(ACES)10.0 g

氢氧化钾2.88 g

L-半胱氨酸盐酸盐0.4 g

焦磷酸铁0.25 g

G.4.1.3 吸收液成分：

活性炭 2 g

酵母浸出粉 10 g

GVPC 添加剂见 G.4.1.1

BCYE 添加剂见 G.4.1.2

蒸馏水 1 000 mL

G.4.1.4 制法：将活性炭、酵母浸出粉加水至 1 000 mL，在 121 ℃环境下高压灭菌 15 min，加入 GVPC 添加剂(G.4.1.1)和 BCYE 添加剂(G.4.1.2)，分装于灭菌后的离心管(G.3.3)中备用。

G.4.2 采样吸收液 2、酵母提取液

G.4.2.1 吸收液成分：

酵母浸出粉 12 g

蒸馏水 1 000 mL

G.4.2.2 制法：将酵母浸出粉加水至 1 000 mL，在 121 ℃环境下高压灭菌 15 min，分装于灭菌后的离心管(G.3.3)中备用。

G.4.3 盐酸氯化钾溶液 $c_{(HCl \cdot KCl)}=0.01$ mol/L

G.4.3.1 成分：

盐酸(0.2 mol/L)：3.9 mL

氯化钾(0.2 mol/L)：20 mL

G.4.3.2 制法：将上述成分混合，用 1 mol/L 的氢氧化钠调整 pH＝2.2±0.2，在 121 ℃环境下高压灭菌 15 min 备用。

G.4.4 其他试剂

G.4.4.1 GVPC 琼脂平板。

G.4.4.2 BCYE 琼脂平板。

G.4.4.3 BCYE-CYE 琼脂平板。

G.4.4.4 革兰氏染色液。

G.4.4.5 马尿酸盐生化反应管。

G.4.4.6 军团菌分型血清试剂。

G.5 采样

G.5.1 采样点：每套空调系统选择 3～5 个送风口进行检测，每个风口设置 1 个测点，一般设在送风口下方 15～20 cm、水平方向向外 50～100 cm 处。

G.5.2　将采样吸收液1(G.4.1)20 mL倒入微生物气溶胶采样器(G.3.2)中，然后用吸管加入矿物油1～2滴。

G.5.3　将微生物气溶胶浓缩器(G.3.1)与微生物气溶胶采样器(G.3.2)连接，按照微生物气溶胶浓缩器和微生物气溶胶采样器的流量要求调整主流量和浓缩流量。

G.5.4　按浓缩器和采样器说明书操作，每个气溶胶样品采集空气量为1～2 m^3。

G.5.5　将采样吸收液2(G.4.2)20 mL倒入微生物气溶胶采样器(G.3.2)中，然后用吸管加入矿物油1～2滴；在相同采样点重复G.5.3～G.5.4步骤。

G.5.6　采集的样品不必冷冻，但要避光和防止受热，4 h内送实验室检验。

G.6　检验步骤

G.6.1 样品的酸处理：对采样后的吸收液1(G.4.1)和吸收液2(G.4.2)原液各取1 mL，分别加入盐酸氯化钾溶液(G.4.3)充分混合，调pH至2.2静置15 min。

G.6.2　样品的接种：在酸处理后的2种样品(G.6.1)中分别加入1 mol/L氢氧化钾溶液，中和至pH为6.9，各取悬液0.2～0.3 mL分别接种GVPC平板(G.4.4)。

G.6.3　样品的培养：将接种平板静置于浓度为5%、温度为35～37 ℃的CO_2培养箱(G.3.5)中，孵育10 d。

G.6.4　菌落观察：从孵育第3 d开始观察菌落。军团菌的菌落颜色多样，通常呈白色、灰色、蓝色或紫色，也能显深褐色、灰绿色、深红色，菌落整齐，表面光滑，呈典型毛玻璃状，在紫外灯下，部分菌落有荧光。

G.6.5　菌落验证：从平皿上挑取2个可疑菌落，接种BCYE琼脂平板(G.4.5)和L-半光氨酸缺失的BCYE琼脂平板(G.4.6)，35～37 ℃培养2 d，凡在BCYE琼脂平板上生长而在L-半光氨酸缺失的BCYE琼脂平板不生长的则为军团菌菌落。

G.6.6　菌型确定：应进行生化培养与血清学实验确定嗜肺军团菌。生化培养：氧化酶(－/弱＋)，硝酸盐还原(－)，尿素酶(－)，明胶液化(＋)，水解马尿酸。血清学实验：用嗜肺军团菌诊断血清进行分型。

G.7　结果报告

G.7.1　采样点测定结果：两种采样吸收液中至少有一种吸收液培养出嗜

肺军团菌，即为该采样点嗜肺军团菌阳性。

G.7.2　一套系统测定结果：一套系统中任意一个采样点嗜肺军团菌检测阳性，即该空调系统送风中嗜肺军团菌的测定结果为阳性。

附录H　集中空调风管内表面积尘量检验方法

H.1　总则

本附录规定了用称重法测定集中空调系统风管内表面的积尘量。

H.2　原理

采集风管内表面规定面积的全部积尘，以称重方法得出风管内表面单位面积的积尘量，表示风管的污染程度。

H.3　设备和器材

H.3.1　定量采样机器人或手工擦拭采样规格板：采样机器人采样面积为50 cm^2 或100 cm^2，采样精度为与标准方法的相对误差小于20%，采样规格板面积为50 cm^2 或100 cm^2，面积误差小于5%。

H.3.2　采样材料：无纺布或其他不易失重的材料。

H.3.3　密封袋。

H.3.4　必要的采样工具。

H.3.5　分析天平，精度为0.000 1 g。

H.3.6　恒温箱。

H.3.7　干燥器。

H.4　采样

H.4.1　采样点数量：机器人采样每套空调系统至少选择3个采样点，手工擦拭采样每套空调系统至少选择6个采样点。

H.4.2　采样点布置：机器人采样在每套空调系统的风管中（如送风管、回风管、新风管）选择3个代表性采样断面，每个断面设置1个采样点。手工擦拭采样在每套空调系统的风管中选择2个代表性采样断面，每个断面在风管的上面、底面和侧面各设置1个采样点；如确实无法在风管中采样，可抽取该套系统全部送风口的3%～5%且不少于3个作为采样点。

H.4.3 风管开孔：在风管采样时将维修孔、清洁孔打开或现场开孔，在送风口采样时将风口拆下。

H.4.4 采样：使用定量采样机器人或人工法（H.3.1）在确定的位置、规定的而积内采集风管表面全部积尘，表面积尘较多时用刮拭法采样，积尘较少不适宜刮拭法时用擦拭法采样，最后将积尘样品完好带出风管。

H.5 检验步骤

H.5.1 将采样材料（H.3.2）放在105 ℃恒温箱内（H.3.6）干燥2 h后放入干燥器（H.3.7）内冷却4 h，或直接放入干燥器中（H.3.7）存放24 h后，放入密封袋（H.3.3）用天平（H.3.5）称量出初重。

H.5.2 将采样后的积尘样品进行编号，并放回原密封袋中保管，送至实验室。

H.5.3 将样品按H.5.1处理、称量，得出终重。

H.5.4 各采样点的积尘样品终重与初重之差为各采样点的积尘质量。

H.6 结果计算

H.6.1 采样点积尘量：根据每个采样点积尘质量和采样面积换算成每平方米风管内表面的积尘量。

H.6.2 风管污染程度：取各个采样点积尘量的平均值为风管污染程度的测定结果，以 g/m^2（风管内表面积尘的质量每平方米）表示。

附录I 集中空调风管内表面微生物检验方法

I.1 总则

本附录规定了用培养法测定集中空调系统风管内表面的细菌总数和真菌总数。

I.2 术语和定义

下列术语和定义适用于本方法。

I.2.1 细菌总数（total bacterial count）

集中空调系统送风中采集的样品，计数在营养琼脂培养基上经35～37 ℃、48 h培养所生长发育的嗜中温性需氧和兼性厌氧菌落的总数。

I.2.2 真菌总数（total fungi count）

集中空调系统送风中采集的样品，计数在沙氏琼脂培养基上经28 ℃、5 d

培养所形成的菌落数。

I.3　仪器和设备

I.3.1 定量采样机器人或采样规格板：采样机器人采样面积为 50 cm^2 或 100 cm^2，采样精度为与标准方法的相对误差小于 20%，采样规格板面积为 25 cm^2。

I.3.2　高压蒸汽灭菌器。

I.3.3　恒温培养箱。

I.3.4　平皿：ϕ90 mm。

I.4　培养基和试剂

I.4.1　营养琼脂培养基：成分与制法见 D.4。

I.4.2　沙氏琼脂培养基：成分与制法见 E.4。

I.4.3　吐温 80(Φ=0.01%)。

I.5　采样

I.5.1　采样点数量：见 H.4.1。

I.5.2　采样点布置：见 H.4.2。

I.5.3　采样：使用定量采样机器人或人工法(I.3.1)在确定的位置，规定的面积内采样，表面积尘较多时用刮拭法采样、积尘较少不适宜刮拭法时用擦拭法采样，整个采样过程应无菌操作。

I.6　检验步骤

I.6.1　刮拭法采集的样品：将采集的积尘样品无菌操作称取 1 g，加入吐温 80 水溶液(I.4.3)中，做 10 倍梯级稀释，取适宜稀释度 1 mL 倾注法接种平皿。

I.6.2　擦拭法采集的样品：将擦拭物无菌操作加入吐温 80 水溶液(I.4.3)中，做 10 倍梯级稀释，取适宜稀释度 1 mL 倾注法接种平皿。

I.6.3　培养与计数：分别见 D.6 和 E.6。

I.7　结果报告

I.7.1　风管表面细菌总数、真菌总数测定结果：菌落计数，记录结果并按稀释比换算成 CFU/cm^2。

I.7.2　集中空调系统风管表面微生物测定结果：一个系统风管表面细菌总数、真菌总数的测定结果分别按该系统全部检测的风管表面细菌总数、真菌总数测定值中的最大值给出。